懷孕時，不吃這些就無法讓寶寶有健康的身體！

構成寶寶身體的 食材列表

寶寶的身體是由媽媽所吃的食物構成的！以下整
和腸道所必要的營養素，以及富含該營養素的食〔

形成 ▶ 大腦 DHA

孕婦建議攝取量
1日1000mg
（DHA與EPA合計）

DHA主要是海鮮類所含有的必需脂肪酸。被稱為「可以讓頭腦變好的油」，對於腦部
的發達是不可或缺的。由於人體無法自行製造，就由媽媽多吃一點來提供給寶寶吧。

鯖魚80g `776mg`　　**秋刀魚**100g `1600mg`

鰤魚80g `1360mg`　　**鮭魚**80g `960mg`　　**魩仔魚乾**10g `57mg`

＋ 以卵磷脂 促進腦部活性化！

以能預防失智症而受到矚目的卵
磷脂，已經證明可以讓大腦的活
動活性化，具有提高記憶力的效
果。在大豆或大豆製品、雞蛋
（蛋黃）中含有許多這種成分。

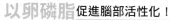
蛋

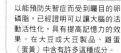
大豆製品

形成 ▶ 腸子 發酵食品

孕婦建議攝取量
1日1種以上

媽媽的腸內細菌，會原封不動的送給寶寶（參閱P.31）。發酵食品裡有乳酸菌
等對身體很好的菌，含量豐富，建議每天最好都能吃1種。

納豆　　**味噌**　　**優格**　　**泡菜**　　**醃漬物**

＋ 以食物纖維 讓腸子清潔溜溜

食物纖維可以增加糞便
的體積，使排便更加順
暢，因此能夠預防便
祕。此外，品質好的油
也能讓糞便更容易排出
體外，可以在蔬果昔內
加入一湯匙的油。

根莖類蔬菜

大豆

菇類

以鎂 促進排便

作為便祕藥的成分而為
人所知的鎂，與鈣一起
能夠幫助肌肉收縮與腸
子蠕動，所以多吃些未
經精製的米或雜糧米、
海藻和魚貝類等食物
吧。

雜糧米

海藻

這些要 ⚠ 注意 不能吃太多

根據吃下去的量、吃的種類，有可能會影響到胎兒。在懷孕期間要注意不能吃、喝太多。

※貼心提醒：本書收錄食譜有部分使用到非全熟魚肉或生蛋等食材，以及利用保鮮膜包覆器皿後放進微波爐等料理方式。在製作和食用之前，請務必向您的醫生及營養師尋求諮詢，並確認選購之保鮮膜產品是否能進行加熱。

金目鯛、劍旗魚、短鮪等

攝取量以一星期約80g為基準。脂肪越少，水銀的含量就越少。鮪魚的基準也是80g。

藍鰭鮪魚、紅肉旗魚、黃鯛等

攝取量每週約160g為基準。最多一次80g、每週兩次，生魚片的話，一次5～6片就達到這個量了。

鰻魚

懷孕初期要注意別攝取過多的維生素A。如果是一星期吃一次鰻魚飯及鰻魚湯的話就沒有問題。

煙燻鮭魚

要注意含有會造成食物中毒的李斯特菌。將它當成Pizza或是義大利麵的配料，加熱後再吃吧。

生魚片

由於有食物中毒或寄生蟲的問題，身體狀況不佳的時候，避免吃生食會比較好。

生烤牛肉

有含有O-157或弓漿蟲的危險性。雖然一分熟的牛肉很美味，但還是加熱到全熟再吃比較安心。

生火腿

如果感染了李斯特菌，會有引發流產、早產的危險性。加熱之後再吃比較安全。

動物肝臟

雖然含有豐富的鐵，但是需要注意攝取的量。雞肝、豬肝約10g、牛肝約100g為一日的基準量。

生雞蛋

雞蛋是營養的優等生，但是生蛋有可能含有沙門氏菌，建議加熱之後再吃會比較好。

天然起司

要特別注意有白霉的卡芒貝爾起司或青黴的藍霉起司！不要直接吃，而是加熱之後再食用。

羊栖菜

雖然含有砷，但只要不是每天都大量食用的話就沒有問題。用水發開之後，砷的量就會減半。

昆布

若是大量攝取昆布所含有的碘，有可能會導致胎兒甲狀腺機能低下，要控制吃的量。

市售淋醬

由於含有比想像中更多的鹽分，要注意不要加太多。盡可能自己製作少鹽醬汁使用。

火腿、培根、香腸

燻製肉有大量鹽分，要夾在三明治裡的話，選擇自己料理的水煮雞肉或豬肉等可以大幅降低鹽分。

市面上的炸物

除了高脂肪外，鹽分也很高，擔心體重增加或是高血壓的孕婦要特別注意不要多吃。

烘焙點心

不含任何必要的營養素。含有反式脂肪（對身體不好的油脂）這點也讓人很在意，應該少吃。

甜麵包

含有大量醣類，但蛋白質和維生素、礦物質卻大幅不足！以甜麵包來解決三餐是不行的。

咖啡

懷孕期間咖啡因的攝取量一天以200mg為基準。要喝咖啡的話就以一天一杯的程度為限吧。

紅茶

紅茶所含的咖啡因一杯大約有60mg。一天最多喝兩～三杯。

綠茶

煎茶所含的咖啡因一杯大約有40mg。番茶或玄米茶的咖啡因含量較少。

含糖飲料

攝取過多高果糖糖漿等甘味料會影響胎兒發育，盡量少喝吧。

乳脂肪含量高的冰淇淋

因為高熱量、高脂肪的關係，所以不能吃太多。懷孕期間建議可以改吃刨冰或冰沙。

即食湯品

因為鹽分高、食品添加物多，需要特別注意。要喝的話建議不要全喝光、並減少湯粉的量。

懷孕中不能喝！

酒精類

懷孕期間攝取大量的酒精，有可能會對胎兒的大腦造成重大的影響。懷孕期間要遵守禁酒令！

懷孕期間可以多吃的東西
應少吃的東西

以下介紹會讓人在意「懷孕時能吃嗎」的食材，以及攝取時的重點。
在為「這個能吃嗎？」感到困惑時，請參考這個表看看。

這些像平常一樣吃就 OK　與懷孕之前一樣，吃、喝適當的量的話就沒問題。
為了攝取必要的營養，請靈活運用這些食材吧。

白身魚
鯛魚、鱈魚、比目魚和鰈魚等白身魚含有豐富的優質蛋白質。脂肪也少，是很推薦的食材。

青背魚
鯖魚、秋刀魚、沙丁魚等青背魚中形成大腦所需的DHA和EHA含量，在魚類當中最為豐富，積極的多攝取吧。

鮪魚罐頭
可以簡單攝取到鮪魚或鰹魚的魚罐頭，非常方便。如果是一般料理使用的量，也不用擔心攝取過多水銀的問題。

冷凍食品
（綜合海鮮等）
已經經過事先處理的食材，在做省時料理時會很活躍。但因為已調理的配菜含有許多鹽分與食品添加物，需要注意這一點。

辣味料理
適度的辣味可以促進食慾，所以不要緊。依照料理不同，需要注意所含的鹽分和脂肪。

芥末、山葵
與懷孕之前所吃的量一樣也沒問題。咖哩粉或辣油、豆瓣醬等調味料也一樣。

原味優格
可以增加腸道內的益菌，調整腸內環境。也能補充鈣質&蛋白質。

加工起司
經過加熱殺菌的加工起司，直接食用也沒問題。量以一天一片為基準。

可可亞
含有豐富的植物性多酚。以豆漿沖泡的話更能提升營養。因為含有咖啡因，一天最多3杯為限。

黑巧克力
與可可亞同樣，植物性多酚會成為短鏈脂肪酸（參閱P.31）的材料，可以預防肥胖。

豆漿
用喝的來補給大豆的營養。含糖豆漿與血糖值的上昇有關，所以盡可能選擇未經調整的豆漿。

麥茶、蕎麥茶
因為不含咖啡因，所以孕婦也能安心飲用。事先煮好倒進熱水壺，要喝的時候就很方便。

蜂蜜
雖然有時會混入肉毒桿菌，但是可以被胃酸殺死，所以對母體和胎兒都不會造成影響。

寡醣
可以增加腸道內的益菌。選擇原味優格或純可可亞，再以寡醣增加甜味也是很不錯的辦法。

味醂
味醂或酒只要加熱讓酒精蒸發的話就沒有問題。做料理時可以照一般用法使用。

無酒精啤酒
如果是完全不含酒精、酒精含量0.00%的話，喝了也OK。記得要多確認說明。

形成 骨骼 鈣質

從懷孕期間到哺乳期，媽媽會供給大量的鈣質給寶寶，為了不要讓骨質密度降低，
用餐時記得要攝取乳製品或小魚、深綠色蔬菜、乾貨等食物。

優格100g	**加工起司**1片	**小魚乾**10g	**羊栖菜**3g	**凍豆腐**1塊 (20g)	**小松菜**60g
120mg	(17g) 107mg	220mg	42mg	132mg	102mg

日光浴 也很重要！

讓鈣質能附著在骨頭上的維生素D，必需藉
由照射紫外線才能在體內合成，記得一天
要做10～30分鐘左右的日光浴。

和維生素D 一起吃吧！

魚類或菇類含有豐富的維生素D，在白天
沒什麼機會會出門的人，或是在日照較弱
的冬季，就藉著食物來補充吧。

菇類　　魚

形成 血液 血基質鐵

從初期的8.5～9.0mg到中、後期的21.0～21.5mg，鐵的必要量從中期開始大量增加，
食用吸收率高的動物性「血基質鐵」的話，就能有效率的補給所需的鐵質。

牛腿瘦肉80g	**豬腰內肉**80g	**鮪魚**80g	**蛤蜊**8個 (可食用部分30g)	**雞蛋**1個
2.2mg	1.0mg	0.9mg	1.1mg	0.9mg

也要注意不要讓 **葉酸** 不足！

不只是缺鐵性貧血，葉酸或維生素B12不足也是貧
血的原因之一。特別是葉酸，這是胎兒成長時不
可缺少的營養素，所以積極的多吃綠色蔬菜吧。

青花菜　　　　　　水菜

菠菜

形成 肌肉 蛋白質

蛋白質的必要量為初期50g、中期60g、後期75g。肉、魚、蛋、大豆製品、乳製品
含有均衡的必需胺基酸，是優良的蛋白質來源，每天都要吃這些食物。

豬腿肉80g	**雞胸肉**80g	**白身魚**（鱈魚）80g	**板豆腐**1/3塊 (100g)	**加工起司**1片	**雞蛋**1個
16.4g	15.6g	14.1g	6.6g	(17g) 3.9g	6.2g

多增加一些 **蛋白質** 的攝取量

右邊的這些食材，一次會吃的量雖然少，但都
是優良的蛋白質來源。在豆腐上加些柴魚片、
在飯上加一點鱈魚子，提高營養價值吧。

海苔　　　　　　　　　櫻花蝦

鱈魚子　　　柴魚片　　　豆　　核桃

照顧媽咪 & 寶寶營養的孕期食譜

營養師親授！孕媽咪怎麼吃

監修 預防醫學顧問　**細川 桃**　管理營養師　**宇野 薰**
(Luvtelli Tokyo & NewYork)

268
安產食譜

Eat well, Smile often!

三悅文化

您覺得

「懷孕期間的飲食」重要嗎？

答案是「YES」。

不過事實上，有許多孕婦的營養是不足的。

雖然有人在懷孕期間因為無法控制食慾而吃得太多，

但在最近，即使懷孕但體重仍然沒有增加的人也變多了，

這些都是因為必要的營養不足的關係！

飲食這件事，就是在照顧小孩。

寶寶是靠著媽媽在懷孕期間所吃的食物而成長的，

不只是身體和骨骼的發育與成長，就連寶寶聰不聰明，

都與媽媽所吃的食物有很大的關聯。

想生下健康的寶寶是理所當然的期望，

但如果還希望寶寶「更聰明、更健壯」的話，

攝取必要的營養就是不可或缺的。

早餐不吃，中午吃便利商店，

工作時吃零食或巧克力當點心，

晚餐時只吃配菜不吃飯……。

您是不是過著這樣的生活呢？

就趁懷孕時戒掉

「盡情的只吃自己喜歡的東西」這個習慣吧！

不是只要有吃就好，

為了寶寶著想，請仔細選擇要吃下去的食物。

雖然吃得營養均衡是第一要務，

但懷孕中的日本女性「營養價值高的蛋白質攝取不足」已經被視為一個問題。

您吃的是否不是油膩的肉類或炸物，而是瘦肉或是魚類呢？

在懷孕期間，有許多人因為蛋白質不足而造成貧血。

在產後如果不恢復肌肉量和骨質密度、儲藏鐵的話，

對育兒也會造成負擔。

那麼就從今天開始，好好吃飯吧！！

充分的攝取營養吧！！

我們打從心底希望，

這本書可以成為您修正飲食生活的契機，

讓您能夠母子均安的生下寶寶。

Pre-mo編輯部 & Luvtelli Tokyo & NewYork

照顧媽咪＆寶寶營養的孕期食譜！

營養師親授！
孕媽咪怎麼吃

CONTENTS

Special

懷孕時，不吃這些就無法讓寶寶有健康的身體！
形成寶寶身體的食材列表

OK？NG？的理由是？
懷孕期間可以多吃的東西＆應該少吃的東西

PART 1 懷孕期間的營養與飲食生活   7

更加了解自己的身體吧！   為了讓營養充分地送給肚中的寶寶，該怎麼增加才好呢？   8
懷孕期間的體重控制

可分成8個類型   找出「無法妥善管理體重」「總覺得身體不舒服」的原因！   10
飲食生活診斷＆建議

為了聰明有效率的攝取必要的營養   16
希望您務必遵守！懷孕期間的飲食生活8守則

1 每天都要吃3餐！不吃早餐有百害而無一利   16
2 每餐不攝取「一個手掌大」的蛋白質，寶寶就無法好好發育！   18
3 每餐都湊齊5個顏色，自然就能攝取到均衡的營養   20
4 一定要好好吃主食！只要注意到低GI的話就不用擔心發胖   22
5 懷孕後期的血液量會由4ℓ增加到5.5ℓ！不攝取鐵的話就會造成貧血   24
6 以魚類的DHA讓寶寶的腦部發育！能同時攝取到令人注目的維生素D的只有魚而已   26
7 懷孕期間要維持「減鹽」！好好預防水腫或妊娠高血壓症候群吧   28
8 讓腸道環境維持健康，把好多的益菌送給寶寶當禮物   30

依照懷孕時期而變化   配合肚子裡寶寶的成長，給予必要的營養吧！   32
身體的變化與飲食的重點

懷孕初期 （0～15週／1～4個月）   32

懷孕中期 （16～27週／5～7個月）   34

懷孕後期 （28～39週／8～10個月）   36

Column   一旦懷孕，希望妳比現在更加注意！ 血糖值控制   38

<table>
<tr><td>PART
2</td><td colspan="2">讓營養充分到達肚子裡的安產食譜</td><td>39</td></tr>
</table>

對媽媽和寶寶的身體都好！	**美味均衡一星期菜單**		40
	Monday	香煎酪梨豬肉捲 套餐	40
	Tuesday	炙燒鰹魚 套餐	42
	Wednesday	羊栖菜細蔥滑蛋牛肉 套餐	44
	Thursday	軟嫩雞肉丸 套餐	46
	Friday	鱈魚蛤蜊蒸蕃茄 套餐	48
	Saturday	豆腐排的健康套餐	50
	Sunday	軟嫩豆腐漢堡排 套餐	52

安產 Recipe 1	促進寶寶的**神經發達**	Keyword	葉酸	54
安產 Recipe 2	**預防貧血**好讓營養完全傳遞給寶寶	Keyword	鐵	66
安產 Recipe 3	**調整腸內環境**預防便祕	Keyword	食物纖維	82
安產 Recipe 4	控制**鹽分**預防水腫	Keyword	減鹽	96
安產 Recipe 5	預防**妊娠糖尿病**	Keyword	GI值	110
安產 Recipe 6	培養寶寶的**大腦與身體**	Keyword	DHA·EPA	124
安產 Recipe 7	讓媽媽與寶寶的**骨骼**變強健	Keyword	鈣	138

只要有這些就能安心！	**常備菜食譜**	154
即使是新手也不會失敗！	**對身體好的手作點心★**	156

<table>
<tr><td>PART
3</td><td>懷孕期間常見問題！飲食生活診斷</td><td>163</td></tr>
</table>

無法戒掉甜食／體重增加／無法控制食慾／吃太少／貧血沒有改善／午餐常吃外食／做午飯時會偷懶

Column	生完寶寶後，飲食更加重要！ 為了產後生活，希望您現在先做到的事	171

INDEX	172

PART 1

想讓營養充分
傳遞給肚子裡的寶寶！

此章節以圖表或條列式的方式列出日本女性缺乏
的營養素或懷孕時該遵守的飲食方式。

可以了解飲食生活重要的事！

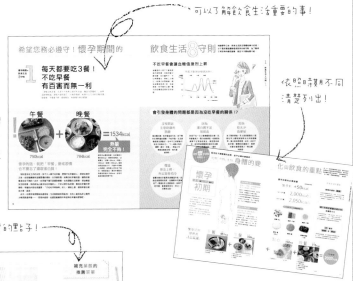

依照時期不同
清楚列出！

提供完整菜單或套餐的點子！

PART 2

許多好吃＆作法
簡單的安產食譜！

「為了預防貧血，請多攝取鐵」、「為了解
決便祕問題，一定要攝取食物纖維」等，以
主題分門別類的列出含有較多可以成為改善
不舒服症狀關鍵的營養素食譜。

可以得知料理的
熱量和所含鹽分！

一些與讀者的小約定

＊ 沒有特別說明的話，材料皆為兩人份。

＊ 營養價值是以一人份計算。

＊ 小匙＝5ml、大匙＝15ml、1杯＝200ml。

＊ 蔬菜或水果皆以已清洗過後的步驟開始說明。有時會
省略削皮、切掉根部、去掉蒂等步驟。

＊ 做法中的火力大小沒有特別說明時，請皆以「中火」
進行調理。

＊ 微波爐的加熱時間以600W為基準，使用500W的微波
爐時請將時間拉長為1.2倍。

＊ 微波爐、烤箱等的加熱時間皆為建議時間，依機種不
同可能有所差異，請觀察料理的狀況再進行調整。

＊ 當作配菜的蔬菜或是依個人喜好加入的材料，有時會
從材料表中省略。

本書有部分食譜使用保鮮膜包覆器皿後放進微波爐的料理方
式。製作前請務必確認選購之保鮮膜產品是否能進行加熱。

會煩惱的
不是只有我一個人！

PART 3

解決
懷孕期間常見煩惱！

從媽媽雜誌《Pre-mo》所進行的問卷調查結果中選出孕
婦常會有的7個關於飲食生活的煩惱，針對這些問題提出
解決的對策。

1
懷孕期間的
營養與飲食生活

懷孕的話就要連肚子裡寶寶的份一起吃！

話雖如此，

要在什麼時候吃、吃什麼、吃多少才好呢？

以下就為了有這些煩惱的媽媽們，

送上為了能夠正確的、有效率的攝取必要營養所需要的最新情報。

恭喜懷孕

孕期中的體重

來計算 BMI 吧

BMI是？
身體質量指數（Body Mass Index）的簡稱，也就是以下列算式所算出的體格指數。是由WHO（世界衛生組織）所發表，測量肥胖度的國際性指標。

懷孕前的體重		身高		身高		BMI
☐ kg	÷	☐ m	÷	☐ m	=	☐

如果是50kg，158cm的話
50÷1.58÷1.58＝BMI 20

媽媽增加的體重對寶寶的出生體重有很大的影響

在不久之前，「小生大養」還是日本認為的理想狀態。不過最近由世界各國所提出的研究中，認為「出生體重過輕，在將來較易罹患生活習慣病」，現在日本也改為依照懷孕時的體格（BMI）來對增加體重進行控管。

雖然在日本有不少想要減肥、即使是懷孕也不想變胖的準媽媽，但出生體重是寶寶能否健康度過一生的重要數值，媽媽要是太瘦的話，就有可能讓寶寶變成低出生體重兒，太胖的話就有機會得到妊娠糖尿病而生出巨嬰，請認清適當增加體重一事的重要性吧。

過瘦
18.5未滿

BMI未滿18.5的人為過瘦。瘦型人即使懷孕，體重也無法照自己的意思增加，有容易生出低出生體重兒的傾向。確實攝取必要的營養，努力增重吧！

懷孕中的增加體重為
+9～12kg

標準
18.5～25未滿

醫學上最不容易罹患疾病的數值為「22」。不要因為不想變胖而減少三餐的量，或是受食慾支配而吃太多，請慢慢的增加體重。

懷孕中的增加體重為
+7～12kg

肥胖
25以上

BMI25以上即為肥胖，BMI30以上為重度肥胖。過胖除了會讓人擔心妊娠高血壓症候群、妊娠糖尿病外，在生產時也有可能會難產。以健康的飲食生活進行體重管理吧。

懷孕中的增加體重為
大約+5kg
（依個人狀況調整）

控 制

為了知道懷孕期間要吃什麼、該怎麼增加體重才好，首先需要掌握自己的BMI！
想像一下自己到要生產之前理想的增重量，讓自己不要過瘦、過胖，加以調整吧。

慢慢增加體重是理想狀態

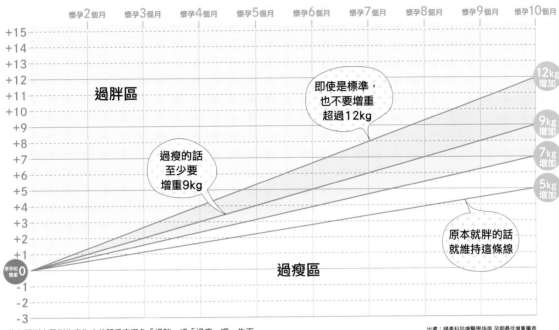

懷孕2個月　懷孕3個月　懷孕4個月　懷孕5個月　懷孕6個月　懷孕7個月　懷孕8個月　懷孕9個月　懷孕10個月

過胖區

即使是標準，
也不要增重
超過12kg

過瘦的話
至少要
增重9kg

原本就胖的話
就維持這條線

過瘦區

12kg增加
9kg增加
7kg增加
5kg增加

藉由預測自己到生產為止的體重來避免「過胖」或「過瘦」吧。生下
3kg寶寶的媽媽們，平均增加的體重為11kg，從懷孕4個月後開始，
雖然體重變得容易增加，但要是一星期內增加超過500g的話就需要
特別注意！因為這樣會提高罹患妊娠高血壓症候群的風險。

出處：婦產科診療醫學指南 孕期最佳增重量表

增加的體重不只是
寶寶的重量

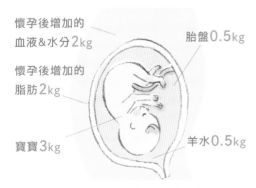

懷孕後增加的
血液＆水分2kg

胎盤0.5kg

懷孕後增加的
脂肪2kg

寶寶3kg

羊水0.5kg

寶寶的體重、胎盤與羊水加起來4～5kg。再
加上媽媽增加的血液和水分等，有必要增加
體重。脂肪是為了保護寶寶，還有為了授乳
作準備。

妳知道嗎？ Topics

在日本，4個人裡就有1個「過瘦」！
瘦小的嬰兒在增加

出生體重未滿2500g的低出生體兒、未滿1500g的極低出生體兒
以及未滿1000g的超低出生體兒的出生率，年年增加。此外，脊
柱裂等先天性異常也有增加的傾向。大多數的低體重或先天性異常
都可以藉由媽媽的飲食生活與適當的增加體重來預防。懷胎十月的
主角是寶寶，做媽媽的應該都會想把自己能做到的事先做好吧。

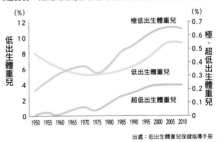

出處：低出生體重兒保健指導手冊

找出「無法妥善管理體重」、「總覺得不舒服」的原因！

飲食生活診斷

關於孕期的飲食生活，在 A～G 裡，

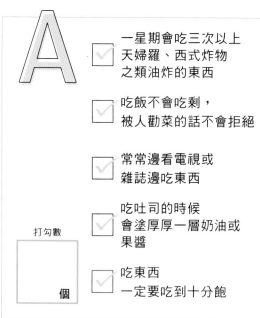

A

- ☑ 一星期會吃三次以上天婦羅、西式炸物之類油炸的東西
- ☑ 吃飯不會吃剩，被人勸菜的話不會拒絕
- ☑ 常常邊看電視或雜誌邊吃東西
- ☑ 吃吐司的時候會塗厚厚一層奶油或果醬
- ☑ 吃東西一定要吃到十分飽

打勾數 ☐ 個

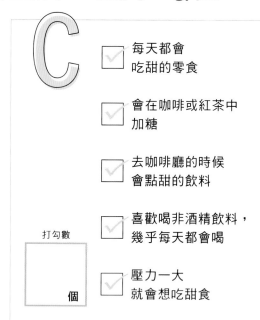

C

- ☑ 每天都會吃甜的零食
- ☑ 會在咖啡或紅茶中加糖
- ☑ 去咖啡廳的時候會點甜的飲料
- ☑ 喜歡喝非酒精飲料，幾乎每天都會喝
- ☑ 壓力一大就會想吃甜食

打勾數 ☐ 個

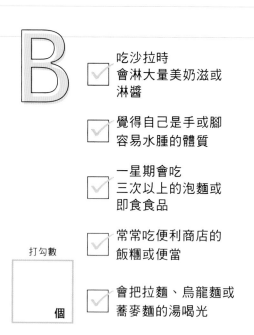

B

- ☑ 吃沙拉時會淋大量美奶滋或淋醬
- ☑ 覺得自己是手或腳容易水腫的體質
- ☑ 一星期會吃三次以上的泡麵或即食食品
- ☑ 常常吃便利商店的飯糰或便當
- ☑ 會把拉麵、烏龍麵或蕎麥麵的湯喝光

打勾數 ☐ 個

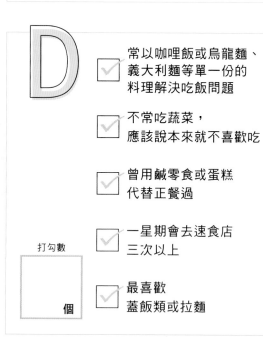

D

- ☑ 常以咖哩飯或烏龍麵、義大利麵等單一份的料理解決吃飯問題
- ☑ 不常吃蔬菜，應該說本來就不喜歡吃
- ☑ 曾用鹹零食或蛋糕代替正餐過
- ☑ 一星期會去速食店三次以上
- ☑ 最喜歡蓋飯類或拉麵

打勾數 ☐ 個

將符合的選項都打勾吧！

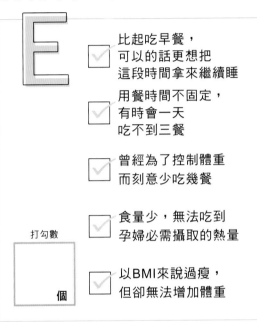

E

- 比起吃早餐，可以的話更想把這段時間拿來繼續睡
- 用餐時間不固定，有時會一天吃不到三餐
- 曾經為了控制體重而刻意少吃幾餐
- 食量少，無法吃到孕婦必需攝取的熱量
- 以BMI來說過瘦，但卻無法增加體重

打勾數 ☐ 個

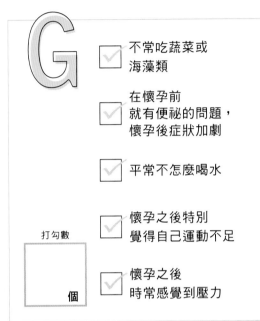

G

- 不常吃蔬菜或海藻類
- 在懷孕前就有便祕的問題，懷孕後症狀加劇
- 平常不怎麼喝水
- 懷孕之後特別覺得自己運動不足
- 懷孕之後時常感覺到壓力

打勾數 ☐ 個

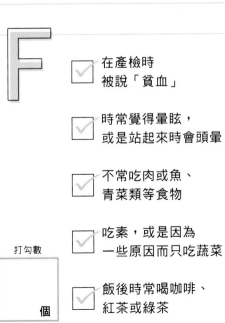

F

- 在產檢時被說「貧血」
- 時常覺得暈眩，或是站起來時會頭暈
- 不常吃肉或魚、青菜類等食物
- 吃素，或是因為一些原因而只吃蔬菜
- 飯後時常喝咖啡、紅茶或綠茶

打勾數 ☐ 個

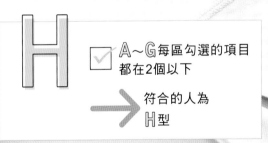

H

- A～G每區勾選的項目都在2個以下

→ 符合的人為 H型

在 A～G 中打勾項目最多的，就是您所屬的類型。

→

來看看結果吧！

A型

無法
抑制食慾
熱量超標型

您在害喜結束之後，食慾是不是爆發了呢？繼續這樣的飲食生活，體重會增加過多，提高難產和各種合併症發生的風險。減少炸物或零食的量，多吃膳食纖維豐富的食品，並且細嚼慢嚥是第一要務。在調味時牢記「盡可能的不使用多餘的調味料，讓味道清淡一點」這件事吧。此外，為了避免過量飲食，充足的睡眠也是很重要的。

 希望妳積極的多吃的食物 膳食纖維豐富的蔬菜、菇類以及海藻類

黃綠色蔬菜的抗氧化力很高，菇類含有大量維生素D，海藻則有豐富的礦物質，這些都是富含膳食纖維的低熱量食材，用水煮、清蒸等不使用油的料理方式大量攝取吧。

 希望妳盡可能少吃的食物 炸物或脂肪多的肉、即食食品

天婦羅或炸物，即使量只有一點，熱量也很高。在家用餐就試著把料理方法從炸改成不加調味料直接烤吧。即食食品或罐頭也盡量少吃。點心或外食時的熱量、鹽分也要注意。

B型

太過
依賴外食
鹽分超標型

一旦懷孕，人體將鹽分等排出體外的代謝機能會降低，因此容易水腫。與懷孕前攝取等量的鹽分是不行的！外食時麵類的湯、醬菜或佃煮請盡可能不要吃完，淋醬的量也要少一點。在家煮飯時，請使用醋或檸檬來增加酸味，或是使用咖哩粉等香料或香草來降低鹽分。也要注意不要吃太多加工食品。

  **希望妳積極的多吃的食物** 未精製的穀類、蔬菜、水果

具有利尿作用的鉀可以讓多餘的水分和鹽分排出體外。積極的多食用糙米或胚芽米、全粒粉等未精製的穀類，或是蔬菜和水果這些含有豐富鉀含量的食物，提高代謝能力吧。

 希望妳盡可能少吃的食物 湯類、醬汁多的丼飯類，加工肉品或乾貨

拉麵等料理的湯或牛丼、親子丼的醬汁，味道都很重，也有很高的鹽分。盡可能不喝湯，或是把丼飯換成定食。像乾貨或火腿、香腸等加工肉品的鹽分也很高，所以也要少吃。

C型

無法戒掉巧克力
和冰淇淋
甜食中毒型

D型

盡是吃飯、
麵、麵包
碳水化合物攝取過多型

以正餐來填飽肚子吧。
孕婦的點心是「補充營養用的」

如果吃太多甜食，以它們來填飽肚子的話，在吃重要的正餐時，吃下去的量就會變少，會造成蛋白質或鐵質等必要的營養素大幅缺乏。先好好的吃三餐正餐，把吃點心當成「補充正餐所不足的營養」吧。並不是所有甜食都不能吃，而是如果要吃的話，就選「對身體好的東西」來吃！

希望妳
積極的多吃
的食物 把可以攝取到蛋白質的
食品、水果當成點心

以起司、優格等乳製品或布丁、豆漿等來補充蛋白質。除了水果之外，主食攝取不足的人吃點飯糰之類的也OK。飲料要選擇沒有加砂糖的，以寡醣或蜂蜜來增加甜味。

希望妳
盡可能少吃
的食物 滿滿都是脂肪和糖分的
高熱量點心

有著滿滿鮮奶油的西式甜點，因為含有過多乳脂肪和糖分，所以請務必避免！鹹的零嘴也是高脂肪、高熱量。無論如何都想吃巧克力的人，就選擇可可含量高的黑巧克力吧。

鐵質與鈣質容易不足
每餐都要吃蛋白質

一忙起來，就容易用配料少的麵或丼飯類的食物來解決一餐。就算這樣可以吃飽，但是卻無法提供足夠的身體必要營養。如果不攝取肉或魚、蛋、大豆、乳製品等蛋白質的話，體力會變差，因為鐵不足會導致貧血，鈣不足會使骨骼變得脆弱！此外，光吃主食（醣類），食用後使血糖質會急速上昇，請與蔬菜之類的膳食纖維搭配一起吃吧。

希望妳
積極的多吃
的食物 肉或魚、大豆、野菜等，
均衡攝取

一旦偏向某些特定營養素，它們就無法互相作用而發揮效果。肉或魚、大豆等蛋白質，蔬菜或海藻等，盡可能都吃到吧。平時忙碌的人，至少在週末多增加一些料理的菜色。

希望妳
盡可能少吃
的食物 配料少的義大利麵、
飯類、麵類

以碳水化合物為主的料理，即使吃飽，攝取到的也幾乎是醣類。外食的時候盡可能選擇配料較多的料理，或是加點沙拉，將增加蛋白質和蔬菜這一點銘記在心吧。

E型

因為就是
吃不下嘛
吃得少、偏食型

選擇營養價值高的食物！
打造即使量少卻優質的飲食內容

無法吃下正餐的量，或是總是吃同樣的東西，不只對肚子裡的寶寶，也會對增加生產所需的體力造成影響。盡可能的攝取高營養的食品（優質的蛋白質或優質的脂質），或是經常補充豆漿等蛋白質飲料吧。如果一次能吃的量很少的話，建議可以將一餐分成好幾次，以少量多餐的方式來攝取營養。

希望妳積極的多吃的食物 優質的蛋白質或高營養的飲料

蛋是含有除了維生素C及膳食纖維以外所有營養素的優秀食品，能夠有效率的補充營養是其優點。也請多加活用像雞柳、鮭魚、起司、豆漿等食用簡單、營養價值高的食品。

希望妳盡可能少吃的食物 空有熱量的市售零食

市面上販售的零食含有滿滿的砂糖與油脂！如果吃得少的話，特別該避免食用空有熱量（熱量雖高，但缺乏蛋白質或維生素、礦物質等營養）的食品。

F型

只吃蔬菜
不吃肉或魚
鐵質不足貧血型

只靠蔬菜無法讓寶寶健康長大！
要積極的多吃肉、魚、蛋

懷孕時血液量會增加，越到後期，血液的濃度就越低，所以很多人會被診斷出「貧血」。由於這也會對坐月子時造成影響，所以在早期就要針對貧血採取對策！因為鐵是在眾多礦物質中特別難吸收的營養素，所以吸收率高的動物性蛋白質是不可或缺的。在此之前一直都吃素的人，也可以試著把紅肉或魚當作主菜，有效率的補充鐵質。

希望妳積極的多吃的食物 鐵的吸收率較高的紅肉或魚、貝類

試著用鰹魚、牛腿肉、豬的腰內肉等作為主菜。蜆或蛤蜊用來煮湯也很方便。蛋也含有很多鐵質，所以每天都擺上餐桌吧。大豆製品或小松菜等深綠色蔬菜的含鐵量也很豐富。

希望妳盡可能少吃的食物 含有單寧酸的飲料、過多的零食

含有單寧酸的咖啡、紅茶、綠茶，會妨害非血基質鐵的吸收，在飯後盡量不要飲用。此外，喜歡吃甜點的女性大多有貧血，要特別注意！正餐時務必確實的攝取動物性蛋白質。

G 型

已經對
便祕習以為常
腸內環境受到傷害型

**在每日三餐裡攝取發酵食品或
膳食纖維多的食品吧**

到了懷孕後期，有許多人都有經歷便祕或痔瘡困擾
的經驗。要解決便祕，關鍵就在於重新審視源頭所
吃的東西。為了讓排便順暢，請多攝取蔬菜、豆
類、菇類、水果等膳食纖維，還有讓糞便變得柔軟
的水分，以及可以讓糞便順利排出的優質油脂。此
外，為了讓益菌增加，改善腸內環境，試著一天吃
一樣發酵食品吧。

 **希望妳
積極的多吃
的食物** 含有鎂的海藻、
優格等

海苔或裙帶菜等海藻不只含有膳食纖維，還含有以便祕藥的
成分而聞名的鎂這項優點。納豆或韓式泡菜、優格等發酵食
品也要吃，把益菌送往腸道吧。

 **希望妳
盡可能少吃
的食物** 市售熟食或便當、
正餐時不吃主食

常吃蔬菜量少的便當，膳食纖維會不足，成為便祕的原因。
此外，正餐不吃主食（醣類OFF），也會使成為益菌食物的膳
食纖維缺乏。色彩繽紛且營養均衡的飲食才是最好的！

H 型

營養均衡
沒問題
現在這樣的狀態合格了型

**維持現在的飲食生活！
也試著挑戰看看新菜色吧**

現階段妳的飲食生活非常均衡，達到合格標準。但
是，即使是會對飲食用心的人，在懷孕期間身體狀
況也會有所變化，有可能會讓營養失去均衡。如果
發生體重突然增加、便祕或貧血等問題的話，請參
考A～G的建議看看。此外，也挑戰看看從40頁開
始的食譜，增加自己的拿手菜吧。

懷孕是重新檢視飲食生活的好機會！
「要怎樣才能攝取營養呢」
用積極進取的態度面對吧

進行了飲食生活診斷，是否讓妳了解了自己
在吃東西時的傾向了呢？即使有「吃飯是很重
要的」這樣的意識，但幾乎所有的孕婦在實際
上所攝取到的熱量或營養仍然不夠。寶寶的身
體與大腦會急速發育，因此，媽媽如果沒有給
予適當的營養，就無法幫助寶寶成長。此外，
媽媽如果不趁懷孕期間多培養體力的話，是無
法順利通過生產這個重要的關卡的。

懷孕生產是重新檢視飲食生活的好機會，不
想變胖而不怎麼吃的人，在孕期該考慮的不
是「如何降低熱量或醣質的攝取」，而是要轉
換成「要怎樣才能攝取『營養』」這樣積極進
取的態度！如果都有好好攝取必要的營養，也
能夠解決過胖或過瘦的問題，試著每天一點一
滴的改善自己的飲食生活吧。

1

每天都要吃3餐！
不吃早餐
有百害而無一利

「即使沒吃早餐，但是中午和晚上好好吃的話，應該沒問題吧？」如果這麼想的話，那就大錯特錯了。在懷孕期間，如果不以三次的正餐來攝取營養，不僅量不夠，還會產生一些意想不到的問題。

午餐		晚餐	
750kcal	＋	784kcal	＝1534kcal

熱量完全不夠！

懷孕的話，就把「早餐」變成習慣
也不要忘了攝取蛋白質！

特別是有在工作的女性，有不少人都不吃早餐。習慣不吃早餐的人，即使在懷孕之後，也有繼續維持這個習慣的傾向。以孕婦來說，如果沒吃早餐的話，攝取的營養是完全不夠的！此外，吃早餐不僅只是攝取營養，也有調整生活節奏、使血糖值安定的效果。到目前為止都沒在吃早餐的人，不妨以懷孕為契機，養成吃早餐的習慣吧。早餐的內容也很重要，「只吃吐司與咖啡」的人，請加上蛋、優格等蛋白質或水果、蔬菜。

此外，在懷孕後期開始休產假後，生活節奏就容易亂掉，也有人會因為早上睡得太晚而跳過早餐……。即使休產假，也還是繼續保持早起與吃早餐的習慣吧。

懷孕中必要的熱量，在初期至少要2000kcal。與懷孕前相比，必需要以「初期＋50kcal、中期＋250kcal、後期＋450kcal」這樣的程度增加才行。只靠中午與晚上的兩餐，在熱量上是完全不夠的。有報告指出，懷孕中攝取的熱量若是低於1500kcal，就有可能造成胎兒發育不良。

飲食生活8守則

知道懷孕之後，飲食生活該注意哪些事才好呢？
以下是把重點歸納整理好的8條守則，為了聰明
又有效率的攝取營養，就從今天開始實行吧！

不吃早餐會讓血糖值激烈上昇

血糖值的上昇不只會受飲食內容影響，也與用餐次數有關。如右圖所示，可以明顯看出，與吃三次相比，吃兩次的那條線，飯後血糖值急速上昇。也就是說，吃早餐可以讓一整天的血糖值呈現安定的狀態。

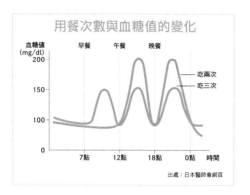

用餐次數與血糖值的變化

血糖值 (mg/dl)

早餐　午餐　晚餐

200

150

100

0

吃兩次
吃三次

7點　12點　18點　0點　時間

出處：日本醫師會網頁

會引發身體的問題都是因為沒吃早餐的關係!?

沒有開啟生理時鐘的開關

藉由曬太陽、吃早餐這些行為，按下體內生理時鐘的開關。不吃早餐，生活節奏就無法調整好，在中午之前都會沒有活力和集中力。「7～8個小時的睡眠、晨光、早餐」，將這三件事視為整套流程，每天都做到吧。

因為蛋白質不足而貧血

若是不在一日三餐裡攝取蛋白質，肌肉量會減少，體力也會減退，也會因為鐵質不足而造成貧血。像是蛋或納豆、起司等這樣簡單的食材也沒關係，早餐必需攝取到「一個手掌大」的蛋白質。

因為吃太少而便祕

為了預防便祕，早上是很重要的！藉著在早上攝取食物與水分來刺激腸胃，會比較容易排便。此外，由於不吃早餐，整體吃的量變少，糞便的量也會跟著變少，無法順利排便。

體溫無法上昇，所以容易怕冷

營養均衡的早餐具有使體溫升高，促進血液循環的效果。在睡眠中代謝會低下，體溫在早上是最低的。如果不吃早餐，會使症狀惡化，所以一定要多注意。

血糖值上昇，體脂肪增加

一天兩次，一次吃很多的話，血糖值會突然飆高，多餘的糖會轉換為脂肪，使人容易發胖。好好的吃早餐，可使血糖值安定，藉此預防肥胖或妊娠糖尿病。

2 每餐不攝取「一個手掌大」的蛋白質，寶寶就無法好好發育！

成為構築身體材料的蛋白質，在懷孕初期時以1日3餐，以每餐都吃「一個手掌大」的量為基準，在中期、後期時會需要更多。吃點心時也補充蛋白質吧。

每天都要吃這5個種類的食物

不是每天吃不同的肉或魚，理想的狀態是在1天中都攝取到5個種類。

肉

☐雞肉　☐豬肉　☐牛肉

雞肉的蛋白質含量多，也很好消化吸收，豬肉含有對消除疲勞很有效的維生素B1，牛肉含有豐富的鐵，以上是這些肉類的特徵。為了構築身體與預防貧血，每天吃1次肉吧。

乳製品

☐優格　☐起司　☐牛奶※

最適合補充鈣質的乳製品，優格因為發酵過，乳糖已經被分解，所以容易食用，益菌相當豐富。起司雖然營養成分高，但因為鹽分和脂肪較多，1天最多吃1片。

※喝牛奶會讓肚子不舒服的人，推薦食用乳糖已經被分解的優格。

魚

☐紅肉魚

☐青背魚

☐白身魚

青背魚含有大量成為大腦材料的DHA・EPA（必需脂肪酸），紅肉魚含大量的鐵、而白身魚則含有許多的維生素D。能夠同時攝取到鈣和鎂等礦物質也是魚類的魅力之一。

構築
寶寶身體與
大腦的蛋白質

卵

☐雞蛋　☐鵪鶉蛋　☐魚卵

蛋裡含有均衡的胺基酸，以及除了維生素C和膳食纖維以外的營養素，幾乎是完全營養品。鵪鶉蛋的營養價值比雞蛋高，而魚卵則含有DHA・EPA。

大豆製品

☐豆腐　☐納豆　☐凍豆腐

被稱為「田裡的肉」，是優秀的植物性蛋白質來源。營養價值依照「嫩豆腐＜板豆腐＜凍豆腐」的順序，越後面的越高。納豆為發酵食品，重點在含有能增加腸內益菌的納豆菌。

肉要選擇脂肪少＝蛋白質多的種類

由於肉類含有較多脂肪，所以選擇的方式很重要！雖然雞肉是低脂肪，沒什麼太大的問題，但豬肉或牛肉因為脂肪較多，所以選擇腿肉或腰內肉等脂肪較少的部位吧。脂肪越少，蛋白質就越多。

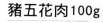

豬腰內肉100g

脂肪	1.9g
蛋白質	22.8g

豬五花肉100g

脂肪	34.6g
蛋白質	14.2g

雞柳100g

脂肪	1.1g
蛋白質	24.6g

牛腿瘦肉100g

脂肪	10.7g
蛋白質	20.7g

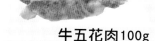

牛五花肉100g

脂肪	50.0g
蛋白質	11.0g

簡單添加蛋白質！

早餐或是晚歸時的宵夜，在沒辦法多花時間和手續的時候，能夠簡單料理的蛋白質是很方便的，輕輕鬆鬆就能添加營養。

加在雜炊粥裡
雞蛋
豆腐

加在茶泡飯裡
明太子
魩仔魚乾

加在吐司上
納豆
起司

雞蛋豆腐雜炊粥

讓蛋與豆腐變成冰箱裡的常備食材！將高湯煮滾後放入白飯，把豆腐用手弄碎後放入，再倒入打散的蛋液加熱後，營養滿分的雜炊粥就完成了。這是容易消化，對腸胃很溫和的一道料理。

明太子高湯茶泡飯

只要將白飯盛在碗裡，放上蔥花、海苔、魩仔魚和稍微烤過的明太子，再倒入熱熱的高湯即可。鰹魚高湯有可以改善血液循環的作用，所以推薦給想要改善手腳冰冷問題的人。

納豆起司吐司

習慣吃吐司的人想要簡單攝取蛋白質的話，很推薦納豆！味道與麵包也很搭，再加上起司片，也能一併補鈣質。在納豆裡加入魩仔魚或櫻花蝦，也可以強化營養。

構成媽媽與寶寶身體主要材料的蛋白質，要選擇優質的來食用

　　不僅是寶寶的身體，胎盤、運送營養與氧氣給寶寶的血液的主要成分也是蛋白質。配合日漸隆起的腹部，增加在飲食時所攝取的蛋白質質量，幫助寶寶成長吧。蛋白質雖然是由胺基酸所構成，但其中無法在人體內製造出的胺基酸就稱為「必需胺基酸」，左頁所寫到的5個種類的食材，就是含有均衡的必需胺基酸及優質蛋白質的食材，積極的攝取吧。

　　此外，即使一次沒辦法吃太多，像柴魚片、海苔、魩仔魚、鱈魚子、貝類、豆類、堅果類等食物也都含有優質蛋白質，在家裡事先多準備一些庫存，加以活用吧。

3 每餐都湊齊5個顏色，
自然就能攝取到均衡的營養

想要烹調出營養均衡的餐食，意識到食材的「顏色」是關鍵。盡可能讓每天的餐桌
都色彩繽紛，以在7種顏色中「湊滿5種顏色」為目標吧。

紅

蕃茄、紅蘿蔔、甜椒
（紅）、蘋果、草莓、鮭
魚、螃蟹、蝦子等。

黃

南瓜、甜椒（黃）、香蕉、
檸檬、柳橙、葡萄柚、雞蛋
等。

綠

青花菜、小黃瓜、青
椒、高麗菜、毛豆、青
紫蘇、奇異果等。

即使不用一個個數
只要看菜單的「顏色分佈」就一目瞭然

　　碳水化合物、蛋白質、還有維生素・礦物質、膳食纖維。因為是孕期所以一定要攝取鐵
質和鈣，還有葉酸也一定不能缺少⋯⋯光只是思考這些，決定菜色這件事就變得很困難。
在這裡想要推薦的是以顏色的分佈來確認營養的方法。

　　菜單裡的主食、主菜和副菜擺在一起時，看起來顏色夠繽紛嗎？在上面列出的7種顏色
裡，只要有使用到5種顏色的話就合格了！使用蔬菜的話，紅、黃、綠很容易就能夠湊齊，
但是如果意識到黑色和茶色的話，就能夠多攝取到海藻或菇類等的膳食纖維。如果在正餐
所使用的顏色不夠多的話，可以在點心時間以優格（白）或藍莓（紫）等食品加以補齊。

從彩虹的色彩當中攝取5種顏色吧

1湯3菜的和食很容易集滿營養素

雖說是1湯3菜，但只是切一切就可以上桌的蔬菜或是剩下的味噌湯也都可以算是一道料理。試著在主菜之外用小皿的方式一點一點的追加以補充蔬菜或海藻、菇類、芋類吧。能夠大幅的集齊各種營養素這一點，是和食的魅力。

茄子、蕃薯、紫高麗菜、藍莓、巨峰葡萄、扁豆、紅豆等。

紫

蒟蒻、海苔、裙帶菜、羊栖菜、黑芝麻、黑豆、李子乾、葡萄乾等。

黑

白

洋蔥、白蘿蔔、蕪菁、山藥、豆腐、優格、白身魚、雞肉等。

茶

牛蒡、香菇、納豆、味噌、杏仁、糙米、豬肉、牛肉等。

以蔬菜的植化素累積抗氧化力

蔬菜除了有維生素・礦物質外，還含有一種名為「植化素」的色素成分。蔬菜的色素被認為是「為了不輸給紫外線而產生的力量」，具有強力的抗氧化力。食用各種顏色的蔬菜，提昇免疫力、預防身體老化吧！

紅色色素可以預防老化！
番茄紅素

保護眼睛不受紫外線傷害
葉黃素

強化皮膚或黏膜
β-胡蘿蔔素

也能預防癌症的
花色素苷

懷孕期間的
飲食生活
⑧守則

4

一定要好好吃主食！
只要注意到低GI的話
就不用擔心發胖

雖然有些人受到「醣類OFF減肥法」的影響而養成不吃主食的習慣，但是在這麼做之前
請先等一下！孕婦為了不要讓能量缺乏，1天3餐都要好好的吃主食。

重新檢視主食之力吧

所謂主食是？
飯、麵、麵包等含
多量醣類的食物。

藉由選擇
「茶色主食」來預防
血糖值上昇！

主食之力
1 讓身體與大腦活動的重要能量來源

碳水化合物中的醣類會被分解成葡萄糖，成為全身細胞的能量
來源。是為了活下去不可缺少的營養素。不好好攝取主食的
話，會使體力和免疫力都變差。

主食之力
2 也含有豐富的膳食纖維，可讓排便順暢

碳水化合物主要可分為醣類和膳食纖維，由於主食的攝取量最
多，因此可以有效率的攝取膳食纖維。即使多吃蔬菜也無法改
善便祕的人，原因有可能是因為主食的量吃太少也說不定喔？

主食之力
3 成為腸內細菌的養分，增加益菌

腸內細菌是以人類消化吸收之後的「殘渣」為養分，在碳水化
合物中難以消化的「抗性澱粉」及膳食纖維就是細菌們的大
餐！可以成為增加益菌的助力。

GI（升糖指數Glycemic Index）是？

GI值是將吃了碳水化合物之後「會讓血糖值上昇多少」加以數字化的數值。
越是精製過的「白色主食」（白米、烏龍麵、白吐司等）數值越高，所以選
擇糙米或雜糧米、胚芽麵包、蕎麥麵、全粒粉義大利麵等「茶色主食」吧。

以低GI主食來提昇營養！

在白米裡混合「發芽糙米」或「雜糧米」，或是改換成味道與白米相近的「金芽米」，就可以變成低GI飯，還可以同時多攝取膳食纖維和維生素‧礦物質！

發芽糙米

有比糙米更高的營養，
也很好消化吸收

讓糙米發芽的發芽糙米，特徵是膳食纖維和維生素‧礦物質比糙米更多，也很好消化吸收。份量以白米2：發芽糙米1的比例為基準，試著找出自己喜歡的比例吧。

煮法 在白米洗好後加入，直接這樣（或是大概洗一下）放入電鍋，水要多放一點。

雜糧米

可以添加
多種雜糧的營養

大麥、黑米、大豆、小米、黍、芝麻等，依照商品的不同，配方也各式各樣。含有多種雜糧的蛋白質、鐵質、鈣質、維生素B₁、膳食纖維等，口感也很豐富。

煮法 依照商品袋子上所印的標示（或是依個人喜好多加一點），直接加入白米中煮即可。

金芽米®

留下營養的精米
甜味和鮮味都很重

以最新的精米技術保留金芽（胚芽的基底部分）與亞糊粉層（具有營養與美味）的商品。維生素‧礦物質和膳食纖維比白米多，味道非常相似！推薦給喜歡吃白米的人

煮法 由於是無洗米，使用專用量杯像一般白米那樣炊煮即可。

醣類不是壞人！
選擇和食用的方式才是問題

即使肚子裡已經有了寶寶，但卻為了不要發胖而「晚上不吃主食」、「飯只吃一半的量」的人，熱量完全不夠！所謂的吃了醣類之後血糖值會上昇，容易變胖的食物是指以白飯、白吐司、烏龍麵等精白過的主食或甜麵包為飲食重點的狀況。主食以雜糧米或發芽糙米、蕎麥麵、裸麥麵包等，有意識的選擇低GI的食物吧。此外，膳食纖維也有減緩醣類吸收的效果。在吃飯之前先吃蔬菜，這種「蔬菜優先」的飲食方式可以預防血糖質的急速上昇。

無論如何都想吃白飯或烏龍麵的時候，只要不要讓菜單全都是碳水化合物，與膳食纖維多的蔬菜、菇類、海藻等加以組合一起吃的話就OK，醣類是重要的營養源，所以不要輕易的不吃，而是試著在「配著什麼一起吃」這一點上多下工夫吧。

選擇低GI的來吃吧

白色的主食是高GI，所以這些要控制吃的量，不要吃太多。
光是意識到GI值這件事，就可大幅降低醣類，變得不容易發胖。

低GI的主食 （60以下）	雜糧米飯	55	糙米飯	55
	發芽糙米飯	54	燕麥片	55
	裸麥麵包	55	全粒粉麵包	50
	乾燥蕎麥麵	54	全粒粉義大利麵	50
高GI的主食 （61以上）	白米飯	88	白吐司	95
	米粉	88	乾燥烏龍麵	85
	麵線	80	義大利麵	65
	鬆餅	80	玉米片	75

出處：永田孝行 食物分類GI值一覽表

5

懷孕後期的血液量會由4ℓ增加到5.5ℓ！不攝取鐵的話就會造成貧血

據說有7成孕婦都經歷過貧血，由於在懷孕後期，大量的鐵會由身體提供給寶寶，所以必需趁現在多儲備一點才行！盡可能的從每天的飲食中一點一滴的攝取吧。

食用血基質鐵，有效率的攝取鐵吧

動物性食品裡含有 **血基質鐵**

動物性食品裡所含的鐵稱為「血基質鐵」，由於其構造容易被吸收，所以最適合用來補充鐵質。也不會受到單寧酸的影響。

吸收率 **25%**

文蛤　　**蜆**　　**鮪魚**　　**牛腿瘦肉**　　**豬腰內肉**

肝臟
肝臟雖然可以有效率的攝取到血基質鐵，但是有可能造成維生素A攝取過剩，在懷孕初期要注意不要吃太多。

吸收率 **3~5%**

植物性食品裡含有 **非血基質鐵**

植物性食品裡所含的鐵稱為「非血基質鐵」，吸收率比血基質鐵低，此外，茶類所含有的單寧酸會妨礙它的吸收。

羊栖菜
在2015年的資料中顯示，羊栖菜的鐵質含有量並沒有很多。

納豆　　**豆腐**　　**李子乾**　　**深綠色蔬菜**

非血基質鐵的吸收率會因為食用方法而改變

UP
提高鐵的吸收率
與含有維生素C的蔬菜或水果一起吃

雖說非血基質鐵的吸收率很低，但仍是鐵質重要的供給來源。想提高吸收率的話，就與富含維生素C的紅色甜椒或青花菜、檸檬等一起食用吧。

在飯後不要喝含有多量丹寧酸的飲料

阻礙鐵的吸收

DOWN

咖啡220mg

紅茶74mg

綠茶36mg

※200ml中的丹寧酸含有量

如果在飯後30分鐘以內喝了含有單寧酸的飲料，就有可能妨礙非血基質鐵的吸收。在飯後就選擇不含單寧酸的香草茶或焙茶、麥茶等飲料來飲用吧。

重新審視點心，攝取更多鐵！

無法戒掉甜食的孕婦中，有許多人都有貧血。將點心換成可以強化鐵或蛋白質的食物吧。

含有蛋白質或鐵的點心

李子乾　　堅果

穀麥點心

豆漿　　強化鐵質飲料　　布丁

這些都是空熱量

甜甜圈　　巧克力　　冰淇淋

蛋糕

鹹餅乾　　可樂　　含糖飲料

豆漿、強化鐵質的優酪乳，以雞蛋和牛奶做成的布丁，可以同時攝取到蛋白質和鐵。李子乾或堅果類、穀麥點心等含鐵豐富的食品，和優格或豆漿一起吃也是不錯的選擇。

乳脂肪含量高的冰淇淋或蛋糕，鹹餅乾、甜飲料等食品，熱量雖然高，但卻沒有任何營養！只能攝取到對寶寶的成長而言沒有好處的「糖」和「脂肪」而已！

妳知道嗎？ Topics

2人中就有1人貧血！儲藏鐵如果過少，對產後也會有所影響!!

一般來說，貧血的檢查是測量血液中的血紅素濃度。但是實際上，為了讓血紅素保持在一定的濃度，身體會使用儲藏在肝臟等內臟的儲藏鐵（鐵蛋白）來補充鐵。甚至有資料指出，有貧血傾向的日本女性大約有5成之多。在孕期中，儲藏鐵會大幅減少，如果沒有藉由多儲備一點來恢復的話，對生產之後的坐月子也會造成影響，所以請在早期就針對貧血採取對策。

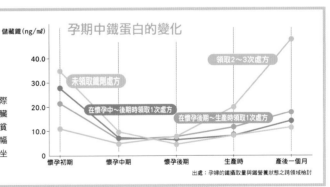

儲藏鐵(ng/ml)

孕期中鐵蛋白的變化

領取2～3次處方

40.0

未領取鐵劑處方

30.0

在懷孕中～後期時領取1次處方

20.0

在懷孕後期～生產時領取1次處方

10.0

0

懷孕初期　懷孕中期　懷孕後期　生產時　產後一個月

出處：孕婦的鐵攝取量與鐵營養狀態之跨領域檢討

有意識的食用動物性的「血基質鐵」！
從初期開始就不能大意，多存一點鐵

　　為了將營養和氧氣運送給子宮內寶寶和胎盤，孕期中血液的必要量會增加，越到後期，媽媽的血液就會越稀。到了懷孕第34週的時候，血液量已經從4ℓ變成5.5ℓ！即使在懷孕初～中期沒有貧血的症狀，也不可以大意，從飲食中攝取鐵吧。

　　講到補充鐵質，很多人都會想到要吃菠菜或李子乾，但是因為植物所含的非血基質鐵吸收率低，所以推薦準媽媽們可以有意識的攝取瘦肉或魚等動物性食品裡所含有的血基質鐵。由於鐵會和蛋白質結合，成為血液的材料，為了預防貧血，也要注意不要讓蛋白質攝取不足。

以魚類的DHA讓寶寶的腦部發育！能同時攝取到令人注目的維生素D的只有魚而已

「即使只有一點也好，還是希望寶寶更聰明」，這是為人父母常有的心情。要支援寶寶大腦的成長，食用富含DHA的魚是最好的選擇！盡可能的讓魚類登上每天的餐桌吧。

從胎兒～乳兒期為止，寶寶的大腦需要大量的DHA！

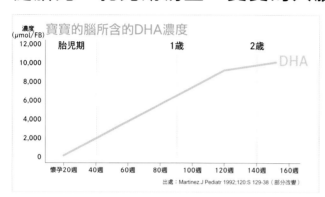

寶寶的腦所含的DHA濃度

濃度
(µmol/FB)

出處：Martinez J Pediatr 1992;120:S 129-38（部分改變）

以懷孕20週為契機，寶寶的大腦開始急速成長，在出生一年後，大腦體積會變成原來的1.5倍。如左圖的圖表所示，由於腦內的DHA量也跟著上昇，所以DHA與腦的發展有很深的關聯。

在成長過程中不可或缺，維生素D令人注目的新作用

講到維生素D，它以能強健骨骼而聞名，但是近年來，發現了除此之外的新作用而在世界上受到矚目。

維生素D是？

由於皮膚的某種成分照到太陽光後就會合成，所以是一種在白天不出門的人就很容易不足的維生素。食品類的話以魚貝類的含量最多，也可以從菇類中攝取到。在蔬菜或穀類中不含此維生素，在肉類中也只有些微含量。

骨骼·牙齒的成長
幫助鈣質吸收，使骨骼或牙齒變得強健。由於維生素D不足而罹患「佝僂病（一種骨骼歪曲的疾病）」的小孩變多，進行適度的日光浴或藉由飲食補充是很重要的！

發展大腦
有許多報告指出，「維生素D與腦的神經發展有關」，所以若是媽媽在懷孕期間維生素D攝取不足，被認為「有可能對胎兒大腦的正常發展產生影響」。

提昇免疫力
近年，維生素D因為可以降低50%流行性感冒的風險而受到注目。也有研究報告指出，「血液中維生素D的濃度越高，胎兒的發育就越好」。

減輕過敏
維生素D也有調整免疫機能的功用，被認為「有很高的可能性可以預防、改善各種過敏疾患（氣喘或異位性皮膚炎、花粉症等）」。

只要不吃過量，魚的水銀不用擔心

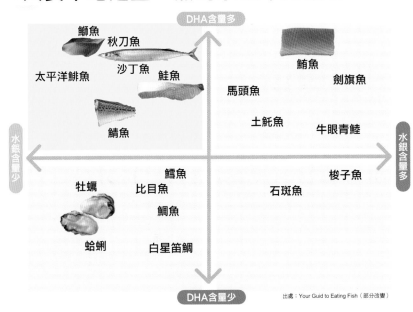

DHA含量多

鰤魚
秋刀魚
太平洋鯡魚
沙丁魚
鮭魚
馬頭魚
鮪魚
劍旗魚
鯖魚

水銀含量少

鱈魚
比目魚
牡蠣
鯛魚
蛤蜊
白星笛鯛
土魠魚
牛眼青鮻
石斑魚
梭子魚

水銀含量多

DHA含量少

出處：Your Guid to Eating Fish（部分改變）

在懷孕時吃魚，令人擔心的就是甲基汞的影響。由於水銀容易在大魚體內累積，鮪魚類1週吃80g以下的話比較可以使人安心。黃色區域的魚是可以安心食用的魚。因為魚類是維生素D與DHA珍貴的供給源，沒有理由不吃，重要的是要注意「避免過量食用」這一點。

什麼是甲基汞？

存在於魚類體內，是水銀的一種。成人可以藉由尿液或糞便將之排出體外，所以只要避免持續食用水銀含量高的魚類，體內的水銀含量就會逐漸減少。但是嬰兒的身體沒有這種機能，必須避免蓄積。

α-亞麻酸也有部分可以在體內轉變為DHA

核桃或亞麻仁油等所含有的「α-亞麻酸」被稱為OMEGA3脂肪酸，是對身體有好處的必需脂肪酸。由於它在體內有部分會轉變為DHA・EPA，如果不方便每天都吃海鮮類的話，就有意識的攝取這些食物吧。

核桃

核桃或堅果類含有α-亞麻酸，抗氧化力高的維生素E也很豐富。將核桃作為點心或沙拉的配料吧。

亞麻仁油

含有α-亞麻酸，具有將中性脂肪分解，消炎的效果。因為亞麻仁油很容易氧化，建議直接淋在沙拉上或用來做蔬果昔。

奇亞籽

紫蘇科植物的種子含有豐富的α-亞麻酸。以水發開的話，大約會膨脹成原來大小的10倍，可以混在優格裡面吃。

反式脂肪是 NG 的

使用乳瑪琳或起酥油製作的麵包和烘焙點心裡含有很多「反式脂肪酸」，它會使惡性膽固醇增加，提高罹患動脈硬化的風險，要盡量避免！

如果不藉由飲食攝取體內
無法製造的DHA，就無法將它輸送到腦部

雖然攝取過多脂肪是肥胖或生活習慣病的原因，但是其中也有對身體有益的油脂。那就是在魚類中所含有的豐富DHA・EPA（必需脂肪酸），特別是DHA，它會成為大腦的神經細胞的主要成分，可以提高記憶力或學習等大腦的功能。

由於人體無法自行製造必需脂肪酸，所以如果不從飲食中攝取，就無法提供給寶寶的腦部。魚類最大的魅力在於它不僅含有DHA，還同時含有對大腦發展不可或缺的維生素D。然而有報告指出，近年來魚的攝取率很低，母乳中的DHA含量大約降低了20%，為了腦部的發展，請務必要攝取魚類。

7 懷孕期間要維持「減鹽」！好好預防水腫或妊娠高血壓症候群吧

孕期中由於飲食的量增加，鹽分容易攝取過多。持續食用口味重的菜餚，水腫會變嚴重，也是妊娠高血壓症候群的原因。少鹽是飲食的鐵則！

即使飲食的量增加，鹽分1天的攝取量為7.5g

$= 7.5g$

鹽　約 1 又 $\frac{1}{3}$ 小匙

理想的一日鹽分攝取量為7.5g，1又1/3小匙的程度。即使懷孕後吃的東西變多了，鹽分的攝取量依然不變。除了調味料以外，加工肉品或乾貨、魚漿製品、市售醬汁等也含有許多鹽分，要多注意。

外食時要小心攝取過多鹽分

不要喝麵類的湯

要是喝了拉麵的湯或烏龍麵的醬汁，只要一碗就會超過一日的鹽分攝取量基準！不要喝湯，把湯剩下來吧。

不要吃太多湯類、醃漬物

定食常會附的味噌湯、醃漬物，佃煮，這些的鹽分含量都很高，要小心不要吃過量！味噌湯可以只吃料。

還要工作的準媽媽，外食率很容易偏高，外食的熱量與鹽分都很高，盡可能選擇蔬菜豐富的菜色，即使吃外食，也要有意識的集滿5種色彩（參閱P.20）。此外，藉由遵守左列的這些重點，就可以順利的讓鹽分不超標。

不要淋太多醬

沙拉醬的熱量和鹽分都很高，所以用量要盡量少。即使是無油分的種類，鹽分也很高。

同樣1個可樂餅
會差這麼多！

醬汁1大匙
鹽分1.6g

沒有加醬汁
鹽分0.6g

炸物的淋醬不要加太多

外食時的炸物大多已經用鹽味調味過，即使不加醬汁，很令人意外的，吃起來也不會沒有味道。

在家做飯時，在「不依賴鹽味」上下功夫！

由於外食或市售的便當不管怎麼樣都會含有過多鹽分，自己動手做就是減鹽的大好機會！只要利用「酸味」、「鮮味」、「辣味」的話，即使控制鹽分，也能得到滿足。

讓 **酸味** 發揮效用

沙拉、涼拌、烤魚等，只要讓檸檬等柑橘類或醋發揮效果的話，即使減鹽，也不會覺得不夠滿足。由於味道清爽，在害喜或中暑這些沒有食慾的時候，在提振食慾上是很有效的。

檸檬　萊姆　醋

攝取 **鉀**

藉由鉀的利尿作用，可以促進身體將多餘的水分排出體外。黃綠色蔬菜、香蕉、奇異果、海藻、芋類、大豆製品含有大量的鉀，在做料理或點心時，積極的加以活用吧。

奇異果　蕃薯

使用 **佐料**

蔥、薑、山葵、青紫蘇、大蒜等佐料可以為料理的味道增加香氣或辣味，所以能夠控制鹽分的用量。胡椒、山椒、咖哩粉等香辛料也可以試著適量使用看看。

薑　青紫蘇　大蒜　蔥

讓 **高湯** 發揮功用

只要讓高湯的鮮味發揮效用，就可以少用一點鹽。只要使用未添加食鹽的高湯包，熬高湯就變成是一件非常輕鬆的事！可以補充維生素D的乾香菇，用在湯或燉煮料理上都很方便。

高湯

來做料很多的味噌湯吧

煮味噌湯時可以活用高湯，味噌放少一點。此外，也可以藉由放多一點料來減少湯的量，可以達到減鹽的效果。

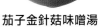

茄子金針菇味噌湯

由於菇類會產生鮮味，所以最適合用來製作湯品。茄子與金針菇是口感好、鉀含量多的組合。

豬肉味噌湯

放了豬肉與許多根莖類蔬菜，所以有滿滿的鮮味。只放一點味噌，雖然減鹽但還是營養滿分！

菠菜蔥味噌湯

深綠色蔬菜除了鉀之外，鐵和鈣的含量也很豐富。有空的時候事先煮好，加到湯裡吧。

南瓜油豆皮味噌湯

南瓜或根莖類蔬菜、豆類、芋類，即使煮過，鉀的損失也很少，可以作為味噌湯的料加以活用。

除了懷孕時，為了家人的健康，要過「減鹽生活」

一旦攝取過多鹽分，身體為了保持一定的鹽分濃度，會儲存水分，整體的血液量增加，壓迫撐開血管而使血壓上昇。此外，為了讓水分從血管中滲出，也會成為水腫的原因。因為在懷孕期間鹽分的代謝機能會降低，太胖或是血壓較高的人，就有可能罹患妊娠高血壓症候群。

懷孕前就常吃外食的人，習慣吃重口味的人，也許是第一次意識到要減鹽也說不定。如果可以的話，以懷孕為契機，減少在家做飯時調味料的用量，讓料理變成低鹽‧減鹽的類型。比起鹽分高的麵包或奶油等西式飲食，增加以高湯為基底的日式料理，試著進行改變吧！控制鹽分的攝取，可以預防各種生活習慣病，此外，因為身體機能尚未成熟的寶寶所吃的離乳食不能使用調味料，就趁現在慢慢去習慣不依賴鹽分的飲食以及做料理的方法吧。

8 讓腸道環境維持健康，把好多的益菌送給寶寶當禮物

常常聽到「只要有健康的腸內環境，排便就會順暢」這句話，但是近年來，已經逐漸了解到腸內細菌還有更多的功用，腸內細菌被稱為是媽媽所送給寶寶的最初禮物。

以食物對腸內進行維修吧

1 吃益菌

韓式泡菜
起司
納豆
優格

只要1天吃1樣發酵食品，就能輕鬆補充益菌

經由微生物進行發酵的食品，含有對身體有用的細菌。除了優格或韓式泡菜（乳酸菌）、納豆（納豆菌）之外，以麴菌所製作的味噌或鹽麴、甘酒等，也相當推薦。

2 吃菌的食物

香蕉
寡醣
白飯
南瓜

攝取能成為益菌營養源的寡醣和膳食纖維

南瓜、洋蔥、蘋果、香蕉等蔬果，還有米、菇類、大豆等含有多量寡醣和膳食纖維，能夠成為益菌的養分。菜吃不夠或是不吃主食都是不行的！

3 不讓益菌減少

炸物

以炸物為主的「高脂肪飲食」只會讓腸內環境惡化

炸物或脂肪較多的肉類等「高脂肪飲食」，會使壞菌增加，讓益菌減少。除了讓腸內環境惡化之外，還會增加肥胖或糖尿病的風險，儘可能不要吃。

腸內環境會隨年齡增長而逐漸惡化。持續增加益菌數量的飲食生活吧！

　　維持好的腸內環境＝增加益菌這件事，除了可以提高免疫力，預防感染症或疾病，還有形成不容易發胖的體質等掌握健康生活的重大關鍵。此外，因為寶寶的腸內細菌與媽媽的很類似，所以目前已經了解，孕期中的「育菌」與寶寶免疫力或腸內環境的好壞有很深的關聯。

　　由於益菌會隨著年齡增長而減少，自由的吃自己喜歡的東西，只會讓腸子老化！盡快改善不吃主食的減肥法或是高脂肪飲食吧。腸內細菌會經常變化，據說3天就會替換1次，因此將增加益菌的飲食生活習慣化也是很重要的。

不只是解決便祕問題！將目光放在腸內細菌的作用上吧

能夠提高免疫力
預防感染症

大約有6成的免疫細胞都集中在腸子，其實腸子是人體最大的免疫器官。腸內細菌具有可以增強免疫細胞的功能，防止入侵的有害細菌或病毒增殖，使我們不會受到感染。

可以供給人體
不會自行製造的維生素

腸內細菌不僅只有分解營養，還能供給人體內無法自行製造的維生素B_2或B_6、葉酸等容易不足的營養素。也就是說益菌越多，營養素也會越多。

製造短鏈脂肪酸
預防肥胖

被稱為「會變瘦的益菌」的腸內細菌，會使膳食纖維或抗性澱粉（參閱P.22）發酵，製造出短鏈脂肪酸，目前已知短鏈脂肪酸可以預防攝取過剩的營養，使人不易變瘦。

腸內細菌是？

益菌20~30%
壞菌10%
中性菌60~70%

在腸內被認為有數百多種各式各樣的腸內細菌，腸內細菌除了「益菌」與「壞菌」之外，還有一種名為「中性菌」這種牆頭草型的菌，當益菌佔優勢時，中性菌也會做好事，但一旦壞菌佔了優勢，它們也會跟著為惡，所以要特別注意！留意讓益菌總是處於優勢，好好調整腸內環境吧。

妳知道嗎？
Topics

通過產道出生的寶寶，腸內細菌與媽媽的非常相似！

寶寶還在子宮裡時，腸內是沒有細菌的。當寶寶通過狹窄的產道時，會從口部將產道的細菌取入身體裡，這些細菌被認為是到達腸道之後，以腸道細菌的身分就此定居的細菌。因此，我們可以知道，寶寶的腸內細菌會與媽媽的很相似。以剖腹產出生的場合，則是會因為出生後與周圍的人或環境的接觸來獲得細菌。

在子宮內是無菌狀態

出生時，產道的菌會從嘴進入寶寶的身體

就這樣在寶寶體內定居

依照懷孕時期而變化！

配合肚子裡寶寶的成長，給予必要的營養吧！

初期 中期 後期 身體的變

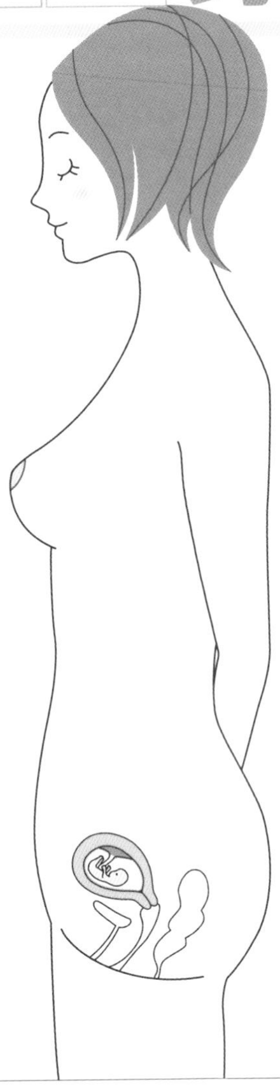

懷孕 初期

0~15週 / 1~4個月

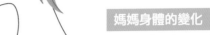

大多數的人在懷孕2個月左右才會發現自己有身孕了，8～11週左右開始是害喜的高峰期。覺得不舒服或想吐、愛睏等，大約有8成的孕婦經歷過害喜的症狀。

此外，流產也是最常發生在初期，也有資料指出，有75%的流產是發生在第8週之前。在生活上要切記不要過於勉強自己。

媽媽身體的變化

會為了「害喜」而煩惱的時期
吃不下的話就不要勉強

雖然不了解害喜發生的原因，但是有可能是「荷爾蒙的分泌產生變化」。由於懷孕初期即使因為害喜而無法照心中所想的攝取營養也不會對胎兒的成長有不好的影響，所以不需要勉強，可以不用硬逼著自己吃東西。

腹中胎兒的成長

4個月時只有1顆奇異果大
內臟和手腳已經長成

大約2個月左右，心臟已經成形，可以看得見心跳。7週左右已經可以分辨出臉、身體和手腳，一天比一天更趨近人的形體。4個月左右，胃、腎臟、膀胱等內臟和胎盤、臍帶也已經長成。

懷孕初期理想的1日菜單

早餐

1人份 **451kcal**

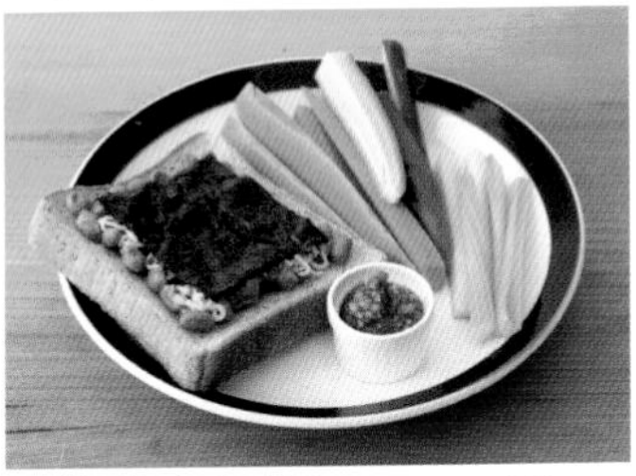

- 納豆魩仔魚吐司 ➡p.136
- 蔬菜棒

午餐

1人份 **769kcal**

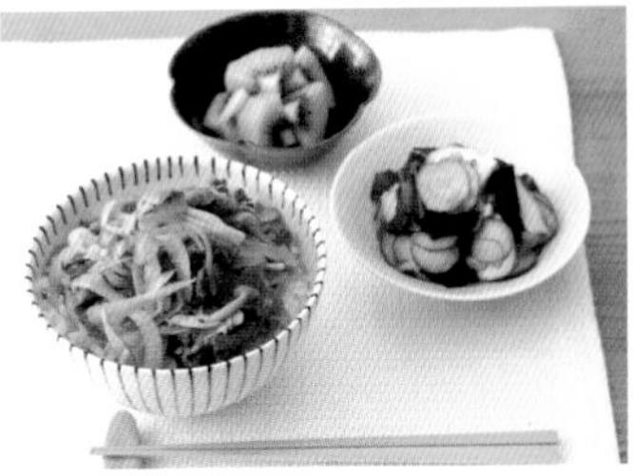

- 配料多多牛丼 ➡p.112
- 醋漬章魚小黃瓜
- 奇異果

化與飲食的重點

初→中→後期能量會隨之增加，攝取在該時期想強化的營養素也是很重要的。雖然食慾與身體狀況每天都在變化，但是請時時記住「為了寶寶，要確實攝取營養！」這件事。

懷孕初期的必要能量

身體活動量為普通

懷孕前 **+50kcal**

| 18～29歲 | **2,000**kcal/日 |
| 30～49歲 | **2,050**kcal/日 |

+50kcal 大概這麼多

堅果10g

納豆1/2盒

雞蛋1/2顆

優格1個（80g）

柳橙1顆

燉煮羊栖菜1人份

飲食生活的重點

積極的攝取 葉酸

在懷孕初期攝取青花菜、菠菜、毛豆等含葉酸的食材，可以降低胎兒先天性異常的風險。由於兒茶素會阻礙葉酸的吸收，所以少喝玉露（高級綠茶）或減肥茶吧。

將1次的正餐量分成小份並攝取水分

沒有食慾的時候，只要少量多餐，吃自己吃得下的東西就可以了。為了不要發生脫水症狀，水分一定要確實的補充！如果不吃東西就會覺得不舒服的時候，就選擇低熱量的東西來吃。

少 攝取 酒精 或 藥品

酒精會通過胎盤，有引起胎兒發展障礙的可能性。此外，不要直接購買市面上的成藥來吃，在使用前要先詢問過醫生是否能夠服用。

點心 1人份 **102**kcal

● 蕃茄冰沙 ➡ p.156

＋

晚餐 1人份 **715**kcal

● 軟嫩雞肉丸
● 山藥拌海苔
● 鹽炒小黃瓜櫻花蝦
● 豆腐蔥味噌湯
● 金芽米飯 ➡ p.46

＝

1日合計 **2037**kcal

懷孕
16~27週 / 5~7個月
中期

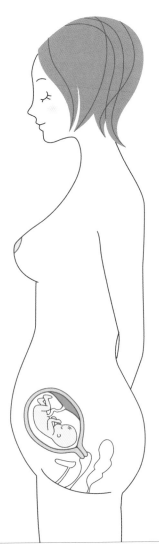

大多數的人已經不再害喜，進入安定期。應該也有感覺到寶寶在肚子裡活動時的「胎動」了吧。

想在生產之前完成的事，諸如旅行或看牙醫等，這個時期是最適合的！但是為了避免早產，請不要因為覺得自己很有精神就太過亂來。

媽媽身體的變化

在身心安定的同時，
肚子和胸部開始變大

雖然身體狀況和之前相比有穩定一些，但是肚子開始向前凸出了。在7個月左右會因為壓迫到心臟或肺而容易產生心悸或喘不過氣，也會有腰痛或背痛，便祕或痔瘡等煩惱。乳腺開始發達，有的人也已經開始分泌母乳。

腹中胎兒的成長

7個月左右有一個哈蜜瓜大！
手腳會動，也會對聲音或光有反應

從5個月左右開始，聽覺或視覺等五感開始發達，手腳會依照自己的意志揮動，也會在羊水中動來動去。7個月左右就可以聽到爸爸和媽媽的聲音，也開始可以感覺到光線。皮下脂肪增加，長相也開始變得清晰。

懷孕中期
理想的
1日菜單

早餐
1人份
412kcal

● 豬肉泡菜&納豆蓋飯 ➡ p.85

+

午餐
1人份
731kcal

● 大蒜醬油烤鮭魚
● 芝麻拌荷蘭豆
● 柴魚高湯煮菇類
● 蜆仔味噌湯
● 雜糧飯、海苔佃煮

+

懷孕中期的必要能量

身體活動量為普通

懷孕前 **+250kcal**

18～29歲 **2,200kcal/日**

30～49歲 **2,250kcal/日**

+250kcal 大概這麼多

納豆拌飯
飯碗1碗

發芽糙米飯糰
1個（150g）

蕃薯
中型1條

烤雞串
（雞腿肉）3串

穀麥50g
與優格50g

水果寒天
1碗

在初期沒有增加體重的人 要努力多吃一點

懷孕中期是調整體重的好時機，因為害喜而沒有增加體重的人，請靠1日3餐＋點心來補給營養。過瘦型的媽媽請努力加餐飯吧。

不由得會吃太多的人要 特別小心糖分過多 的點心

食慾突然變得很旺盛，將手伸向甜食的話，就有一口氣暴增5～6kg的危險。把點心當成補充不足營養的方式，控制體重的增加。

注重 營養均衡 和 鹽分

還有在工作的準媽媽，外食的機會可能會增加。可以的話，盡量選擇營養均衡的「日式定食」吧。在家裡做飯的話，為了預防水腫或高血壓，記得要減鹽＆調味清淡。

確實攝取 鐵 對 貧血採取對策

到了懷孕後期血液的必要量會增加，有很多準媽媽因此而貧血。趁現在這段時間，多吃瘦肉或魚等富含鐵的食材，為將來多儲備一點鐵吧。

點心

1人份
223kcal

● 薑汁
豆乳布丁
➡ p.157

1人份
88kcal

● 解決便祕問題蔬果昔
➡ p.162

晚餐

1人份
687kcal

● 滿滿蔬菜的回鍋肉
● 蝦仁生春捲
● 蛋花湯
● 雜糧米飯
● 水果優格

=

1日合計
2141kcal

懷孕
28~39週 / 8~10個月
後期

在期待馬上就要見到寶寶的同時，對於陣痛或分娩的不安也開始增加的時期。

生產與育兒，一言以蔽之，就是靠體力決勝負！繼續維持到目前為止同樣均衡的飲食，進行適度的運動來培養肌肉，維持早睡早起規律的生活節奏吧。

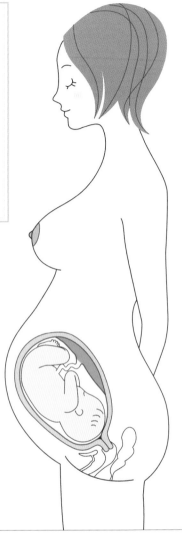

媽媽身體的變化

後期肚子會頻繁的感覺漲
也會因為胃受到壓迫而食慾不振
容易發生感覺肚子漲漲的或手腳浮腫、頻尿或漏尿等不舒服的症狀的時期。胸口灼熱或胃不舒服、心悸或喘不過氣等狀況也容易變得更嚴重。由於肚子或大腿開始容易出現妊娠紋，可以使用乳液之類的保養品加以保養。

腹中胎兒的成長

成長為3kg（1顆西瓜大）
做好來到這個世界的準備了！
皮下脂肪更加增加，身形變得圓潤，骨架也已發展完成。大腦急速成長完成，感情也變得豐富。為了在出生之後立刻就能呼吸、排尿、喝母乳，所有的器官都已做好準備。

懷孕後期
理想的
1日菜單

早餐 1人份 450kcal

● 海鮮咖哩炒飯　⇒p.113
● 蘋果優格

\+

午餐 1人份 750kcal

● 蕃茄煮雞肉
● 葡萄柚沙拉葉沙拉
● 南瓜湯
● 胚芽麵包

\+

懷孕後期的必要能量

身體活動量為普通

懷孕前 **+450**kcal

18～29歲 **2,400**kcal/日

30～49歲 **2,450**kcal/日

+450kcal 大概這麼多

炙燒鰹魚
6片
　＋　
納豆1盒
　＋　
水果優格加
5瓣核桃

豆奶可可亞1杯
　＋　
甘栗10顆
　＋　
鮪魚蔥卷1條

為了寶寶 大腦 與 身體 的成長，需要 蛋白質、鐵、DHA ！

終於要出生了，寶寶的身體與大腦會一口氣成長。確實攝取肉、魚、蛋這些優質蛋白質與鐵、DHA，提供養分給寶寶吧。

胃受到壓迫而吃不下的人可將 1餐分成4～5小份 進行營養補給

要吃到2400kcal這個份量相當辛苦，以將拌飯做成迷你飯糰，或是分成好幾次喝下料很多的味噌湯等方式，一點一點的攝取營養吧。

注意攝取過多 熱量 與 鹽分 ！

也有些人因為即將生產而大意，讓體重急速增加。因為有罹患妊娠高血壓症候群的風險，要盡量少吃高熱量且鹽分含量多的飲食。

為了預防早產 需要攝取 鎂 與 鈣

鎂與鈣是可以調整肌肉收縮的「兄弟礦物質」，納豆或豆腐等大豆製品和海鮮都富含這兩種礦物質，多多攝取吧。

點心

1人份
226kcal
● 鹽味海苔
　洋芋片丁
➡ p.161

1人份
239kcal
● 鈣質蔬果昔
➡ p.162

晚餐

1人份
784kcal

● 健康馬鈴薯燉肉
● 茶碗蒸
● 一口小黃瓜
● 裙帶菜滑菇味噌湯
● 白飯、醬菜

＝

1日合計
2449kcal

血糖值控制

一旦懷孕，任誰都會容易變得高血糖，所以要特別注意！
以不會讓血糖值上升的飲食方式來預防「妊娠糖尿病」吧。

●血糖值是 什麼？

指的是血液中葡萄糖的濃度

是表示1dl（100ml）的血液中含有多少mg葡萄糖的數值。血糖值會隨飲食的內容、吃東西的時間而有很大的變化。

●「高血糖」是 怎麼一回事？

指的是飯後過了2小時，血糖值仍未降低的狀態

一旦吃東西，血糖就會升高，身體會分泌名為胰島素的荷爾蒙，使血糖在1～2小時後漸漸下降。然而，如果胰島素不足，或是無法順利發揮效用，血糖值就會一直維持在高的狀態。孕期中因為受到胎盤所製造的物質影響，胰島素的效果會減弱，所以不管是誰，都會變得容易高血糖。

●血糖值高的話 會有什麼風險？

早產或巨嬰症等，會對寶寶造成影響

在產檢時，血糖值超過基準很多的時候，就需要再進行詳細的檢查，有可能會被診斷出「妊娠糖尿病」。一旦母親高血糖，就會容易發生早產或妊娠高血壓症候群、胎兒變成巨嬰、出生後容易發生低血糖等問題，對寶寶造成影響。以飲食來控制血糖，盡可能的讓它不要升高吧。

容易罹患
妊娠糖尿病的人

● 原本就有點胖
● 高齡產婦
● 多胎產婦
● 第一次生產
● 懷孕後體重急速增加
● 原本就有高血壓、糖尿病、腎臟病等
疾病（有糖尿病家族史）
● 以往懷孕時曾出現過妊娠糖尿病

不讓血糖值升高的飲食方式

1 規律的吃3餐

一旦正餐的間隔時間太長，飯後的血糖值就會急速上昇。1日3餐（一次吃不了這麼多的孕婦則是4～5餐），在固定的時間用餐吧。

2 選擇低GI食品

精製過的白米或吐司容易使血糖上昇，所以選擇未精製的發芽糙米、雜糧米、蕎麥麵、全粒粉麵包等低GI主食來食用吧。

3 攝取大量膳食纖維

蔬菜、菇類、海藻等含有的大量膳食纖維可以抑製血糖急速上昇。以1天350g為目標，盡量多吃蔬菜吧。

4 少吃甜食，少喝甜飲料

按照自己的心意，想吃多少零食就吃多少是不行的！先定下像是「下午3點，1天1個」這樣的規則吧。還有要盡量避免飲用含高果糖糖漿的飲料。

5 注意要讓體重適當的增加

體重急速增加會帶給身體很大的負擔，以基於BMI值所算出的體重為目標，並且記得定期去做產檢吧。

2

讓營養充分到達肚子裡的
安產食譜

想要解決孕期中不舒服的症狀，

在本章將會介紹許多套餐的菜單、主菜、副菜等做法，

當然，在搭配上也很自由！

一邊參考熱量與鹽分含量，

一邊以解決主要煩惱為目標吧！

向不舒服的
症狀說再見

美味均衡一星期

香煎酪梨豬肉捲 套餐

Monday

酪梨含有葉酸、膳食纖維與優良的脂質，是對孕婦很好的優良食材。
與豬肉搭配可以有消除疲勞的效果。

被肉片包裹的酪梨入口即化，
改用牛肉也很推薦

香煎酪梨
豬肉捲

■ 材料

酪梨…1/2個
薄切豬腿肉（涮涮鍋用）
　　…6片（120g）
鹽、粗粒黑椒…各適量
麵粉…少許
橄欖油…1/2大匙
小蕃茄…6個
檸檬（切半月形）…2塊

■ 作法

1　酪梨縱切成6等分的半月形。
2　將豬肉鋪平，灑上鹽、胡椒後，
薄薄的裹上一層麵粉。每1片豬肉捲
起1塊酪梨。
3　將橄欖油倒入平底鍋內以中火加
熱，將2的兩面確實煎熟。肉熟之後
灑上鹽和胡椒，盛盤，再擺上小蕃茄
與檸檬。

油菜花的葉酸含量
在蔬菜中是一等一

芥末籽醬
拌油菜花

■ 材料

油菜花…150g
A　芥末籽醬、醬油、醋、
　　橄欖油…各1小匙
　　砂糖…1/2小匙

■ 作法

1　將油菜花很快的燙一下，切成
3cm長。
2　在大碗中倒入 A 攪拌均勻，再加
入 1 拌勻即可。

充分發揮花椰菜
柔和的甜味

花椰菜
豆乳湯

■ 材料

花椰菜…100g
法式高湯粉…1小匙
豆漿（無調整）…1/2杯
鹽、胡椒…各少許

■ 作法

1　將花椰菜分成小朵，莖切成薄
片。
2　在鍋中倒入1杯水，加入法式高湯
粉，以中火加熱，水滾後放入 1，煮
到花椰菜快要散掉的程度。
3　將 2 與豆漿一起放入食物調理機
中，混合均勻後再倒入鍋內，以中火
加熱至快要煮沸時熄火，以鹽和胡椒
調味。盛入器皿後可依喜好灑上紅椒
粉。　　　　　　　　　　　（牧野）

菜單

解決「今天晚上要吃什麼好？」這個煩惱，在此提案一星期的食譜！還有最適合孕期的食材組合、量、烹調法、調味等，許多可以作為每天做菜時靈感的好點子。

花椰菜豆乳湯
熱量	42kcal
鹽分	1.1g

雜糧飯
熱量	250kcal
鹽分	0g

芥末籽醬拌油菜花
熱量	56kcal
鹽分	0.5g

香煎酪梨豬肉捲
熱量	217kcal
鹽分	0.9g

2

1

星期菜單

Monday

青豆飯
| 熱量 | 314kcal |
| 鹽分 | 0.4g |

蛋花湯
| 熱量 | 58kcal |
| 鹽分 | 1.7g |

炙燒鰹魚沙拉
| 熱量 | 333kcal |
| 鹽分 | 3.1g |

炙燒鰹魚 套餐

以富含DHA、EPA和鐵質的鰹魚為主角，
味道清淡的和風菜單。與大量的蔬菜一起享用吧。

梅乾的酸味
讓醬汁呈現清爽的味道

炙燒鰹魚沙拉

■ 材料

炙燒鰹魚…300g

小黃瓜…1/2根

甜椒（紅）…1/2個

洋蔥…1/2個

紅葉萵苣…2片

A ┌ 梅乾…1個（大）
　├ 芝麻油、醋…各2大匙
　├ 醬油…1大匙
　└ 砂糖…1小匙

■ 作法

1 小黃瓜切細絲，甜椒、洋蔥切薄片後浸一下冷水再瀝乾，去除水氣。紅葉萵苣撕碎。

2 將梅乾去核後剁碎。

3 將炙燒鰹魚切成方便入口的大小，與1一起盛盤後，淋上拌勻的A。

將葉酸豐富的青豆
混入飯中

青豆飯

■ 材料（容易製作的份量）

米…360ml（2合）

青豆（去豆莢）…1/2杯

酒、味醂…各1大匙

鹽…1/3小匙

■ 作法

1 將洗好的米放入電子鍋中，加入酒、味醂、鹽，將水倒至第2格的刻度，浸泡30分鐘。

2 按下電子鍋的開關，在剩下10分鐘時加入青豆後，立刻將蓋子蓋上。

3 飯煮好後，快速將青豆與白飯拌勻。

註：1合約180ml

以口感軟綿的蛋
簡單補充蛋白質

蛋花湯

■ 材料

蛋…1個

高湯…2杯

鹽…1/2小匙

酒…1大匙

醬油…少許

A ┌ 太白粉…1小匙
　└ 水…2小匙

■ 作法

1 將高湯與鹽、酒倒入鍋中煮沸後，以醬油調味。將混合均勻的A倒入鍋中後再稍微煮一下。

2 將打好的蛋倒入鍋內，熄火。　　　　（森）

Tuesday

白飯

熱量	252kcal
鹽分	0g

水雲山藥甜醋涼拌

熱量	44kcal
鹽分	0.6g

南瓜、舞菇與水菜的燉煮料理

熱量	72kcal
鹽分	0.3g

羊栖菜細蔥滑蛋牛肉

熱量	193kcal
鹽分	0.7g

羊栖菜細蔥滑蛋牛肉 套餐

Wednesday

一星期已經過了一半，以含肉的菜單來增加精力。
使用脂肪較少的瘦肉，再以鈣質豐富的羊栖菜來增加份量！

選擇富含容易被身體吸收的
血基質鐵的牛腿肉

羊栖菜細蔥
滑蛋牛肉

■ 材料

薄切牛腿肉…70g
蛋…2顆
細蔥…50g
羊栖菜（乾燥）…5g
A ┌ 高湯…1/2杯
  │ 砂糖…2/3小匙
  └ 醬油…1小匙
芝麻油…1/2大匙

■ 作法

1 牛肉切細絲。將羊栖菜泡入水中
約20分鐘發開後瀝乾。細蔥切成3cm
的長度。

2 將芝麻油倒入鍋中加熱，以中火
炒牛肉，變色後加入羊栖菜繼續炒，
將水分炒乾後加入 A。煮3～4分鐘，
再加入細蔥稍微煮一下。

3 將蛋打散後倒入鍋中，煮成自己
喜歡的熟度。

只要活用微波爐，
燉煮料理也能輕鬆完成

南瓜、舞菇與
水菜的燉煮料理

■ 材料

南瓜…100g
舞菇…1盒（100g）
水菜…60g
A ┌ 高湯…1杯
  │ 味醂…1小匙
  └ 醬油…1/2小匙

■ 作法

1 南瓜切大塊，以保鮮膜包好後用
微波爐加熱3分鐘左右。

2 將舞菇大致分開，水菜切成4cm
的長度。

3 將 A 倒入鍋中煮沸，加入 1 以中
火煮7～8分鐘，再加入 2 煮到變軟。

山藥所含的黏稠成分，黏液素
對改善便祕也很有效果

水雲山藥
甜醋涼拌

■ 材料

山藥…100g
水雲（未經調味）
　…1/2杯（100g）
薑末…少許
A ┌ 醋、水…各2大匙
  │ 砂糖…1小匙
  └ 鹽…1/6小匙

■ 作法

1 將山藥放入塑膠袋內，以研磨缽
用的木棒之類的東西敲打。

2 在大碗內將 A 混合均勻後，將水
雲與 1 放入，盛入器皿後再放上薑
末。　　　　　　　　　　（檢見崎）

Wednesday

軟嫩雞肉丸 套餐

Thursday

軟嫩的雞肉丸配上有口感的副菜，
細細咀嚼更能提高滿足感，也能補充維生素、礦物質和膳食纖維。

以蛋黃增加蛋白質含量＆圓潤的口感

軟嫩雞肉丸

■ 材料

A ┌ 雞絞肉⋯150g
　│ 板豆腐⋯1/3塊（100g）
　│ 醬油⋯1小匙
　│ 鹽⋯少許
　│ 蔥（切蔥花）⋯1/3根
　│ 薑汁⋯2小匙
　└ 凍豆腐（磨碎）⋯1～3大匙
B ┌ 酒、味醂、醬油⋯各1大匙
　└ 紅糖⋯1/2大匙
油⋯1/2大匙
青紫蘇葉⋯3片
蛋黃⋯1個

■ 作法

1　在大碗內放入 A，混合揉捏至產生黏性（以凍豆腐來調節軟硬度）。分成六等分後作成扁圓形。
2　平底鍋熱油，將 1 併排放入鍋中煎至兩面微焦後轉小火，蓋上蓋子悶煮5分鐘左右。
3　將 B 混合後倒入鍋內，讓肉丸沾上醬汁。起鍋後放在鋪了紫蘇葉的盤子內，再放上蛋黃。以肉丸沾生蛋黃食用。

香味與適度的濕潤口感
讓人欲罷不能

鹽炒小黃瓜
櫻花蝦

■ 材料

小黃瓜⋯2根
櫻花蝦⋯4大匙
芝麻油⋯2小匙
鹽⋯1/2小匙

■ 作法

1　以削皮刀將小黃瓜的外皮削出條紋花樣後切滾刀塊。
2　將芝麻油倒入平底鍋中加熱，放入櫻花蝦炒出香味後，再放入 1 和鹽炒1～2分鐘。

以黏液成分促進消化＆
提升精力

山藥
拌海苔

■ 材料

山藥⋯5～6cm
A ┌ 醬油⋯2小匙
　│ 高湯⋯1小匙
　└ 山葵泥⋯少許
海苔（整片）⋯1/4片

■ 作法

1　將山藥切成細絲。
2　盛入器皿中，淋上拌好的 A 後再灑上撕碎的海苔。

在最後加入蔥
來提升香氣與口感

豆腐蔥
味噌湯

■ 材料

板豆腐⋯1/2塊（150g）
蔥⋯1/4根
高湯⋯1又1/2杯
味噌⋯1大匙

■ 作法

1　豆腐切成1.5cm的塊狀，蔥切成蔥花。
2　將高湯放入鍋中加熱，放入豆腐後煮至沸騰。將味噌放入後攪散，最後加入蔥花。　　　　（鯉江）

鹽炒小黃瓜櫻花蝦

熱量	82kcal
鹽分	1.8g

軟嫩雞肉丸

熱量	298kcal
鹽分	2.3g

山藥拌海苔

熱量	40kcal
鹽分	1.0g

豆腐蔥的味噌湯

熱量	79kcal
鹽分	1.4g

金芽米飯

熱量	216kcal
鹽分	0g

Thursday

法國麵包

熱量	84kcal
鹽分	0.5g

馬鈴薯蘆筍湯

熱量	108kcal
鹽分	0.8g

甜椒優格沙拉

熱量	146kcal
鹽分	0.7g

鱈魚蛤蜊蒸蕃茄

熱量	156kcal
鹽分	1.4g

鱈魚蛤蜊蒸蕃茄 套餐

Friday

低熱量高蛋白質的鱈魚和含有豐富鐵質的蛤蜊，
與蕃茄非常搭。以蒸煮的方式充分引出食材的美味。

以優良蛋白質
和鐵來增加血液

鱈魚蛤蜊
蒸蕃茄

■ 材料

新鮮鱈魚…200g（2片）

蛤蜊（已吐砂）…200g

蕃茄…200g

洋蔥…50g

毛豆…30g（10～15個豆莢）

A ┌ 橄欖油…1小匙
  │ 鹽、胡椒、百里香
  └ …各少許

■ 作法

1 蕃茄切成一口大的大小，洋蔥切薄片。毛豆煮熟後取出備用。

2 將鱈魚、蕃茄與洋蔥放入鍋內，加入1/4杯水後蓋上蓋子，以中火蒸煮7～8分鐘。

3 放入蛤蜊，繼續加熱5～6分鐘直到蛤蜊開口，最後加入毛豆和A拌勻。

只用優格與檸檬調味的
減鹽沙拉

甜椒
優格沙拉

■ 材料

甜椒（紅）…100g

蕪菁…60g

火腿…2片

青花菜…30g

蕪菁葉…100g

A ┌ 原味優格…1杯
  │ 胡椒…少許
  └ 檸檬汁…2大匙

■ 作法

1 將甜椒、蕪菁和火腿切成7～8mm的小丁。

2 青花菜分成小朵後燙熟，蕪菁葉也燙熟，切成7～8mm的長度。

3 將 1 和 2 倒在一起，加入 A 拌勻。

先將蔬菜炒過一次
是提升美味的祕訣

馬鈴薯
蘆筍湯

■ 材料

馬鈴薯…160g

綠蘆筍…100g

洋蔥…50g

西洋菜…60g

高湯…1又1/2杯

鹽…1/4小匙

胡椒…少許

橄欖油…1小匙

■ 作法

1 將馬鈴薯用保鮮膜包住後，以微波爐加熱4分鐘左右，稍微放涼之後去皮，切成一口大的大小。

2 削掉蘆筍根部較硬的皮，切成2cm的長度。洋蔥切成碎末。

3 將橄欖油放入鍋中加熱，再將 1 和 2 放入翻炒。待食材吸收橄欖油後倒入高湯，水滾後再煮2～3分鐘。

4 將切成1cm長左右的西洋菜放入鍋中，再以鹽和胡椒調味。

（檢見崎）

Friday

豆腐排的健康套餐

週末就以富含膳食纖維的菜單為身體排毒。
健康又好吃。

重點是鮮味強烈的鮪魚與菇類淋醬

豆腐排佐菇類淋醬

■ 材料

板豆腐…1塊（300g）
鮪魚罐頭…1罐（小）
分蔥…1/2束
金針菇…1/2袋
杏鮑菇…1/2盒
油…1/2大匙
A｜醬油、酒、水…各1大匙
　｜太白粉…1小匙

■ 作法

1 豆腐切成2cm厚的片狀，用廚房紙巾包起，吸乾水氣。

2 分蔥、金針菇切成3cm的長度，杏鮑菇切成容易食用的大小。

3 將油放入平底鍋中加熱，把薄塗一層醬油（不包含在食譜份量內）的 1 放入鍋中，煎至兩面微焦後盛盤。

4 在同一個平底鍋內放入已經去除油分的鮪魚和菇類拌炒，加入混合後的 A 與分蔥，變得濃稠之後再淋到 3 上。

加入蕃薯
提高飽足感

蕃薯
雜糧飯

■ 材料（容易製作的份量）

米…180ml（1合）
雜糧…1包
蕃薯…100g

■ 作法

1 將米洗好後放入電子鍋內，將水加至第 1 格的刻度。

2 蕃薯切成1cm的塊狀，泡水後瀝乾，去除水氣。

3 將雜糧和蕃薯加入1中，倒入1/4杯水，以一般模式煮飯。

芝麻油的香味與
白飯很搭

乾蘿蔔絲與
紅葉萵苣沙拉

■ 材料

乾蘿蔔絲…20g
紅葉萵苣…適量
A｜柚子醋醬油、白芝麻
　｜　…各1大匙
　｜芝麻油…1小匙

■ 作法

1 將乾蘿蔔絲仔細搓揉洗淨，以篩網盛起後放10分鐘。

2 在大碗內將 A 混合均勻後，放入1和紅葉萵苣拌勻。

以入口即化的綿密感
營造出優雅的口感

草莓
優格凍

■ 材料

（容易製作的份量・3人份）

草莓…150g
砂糖…1/4杯
吉利丁粉…1包（5g）
原味優格…3/4杯

■ 作法

1 將草莓用刮刀之類的工具壓碎，加入砂糖。

2 在1/4杯的水中加入吉利丁粉後隔水加熱至完全溶解。

3 在大碗中倒入優格，加入2和1拌勻。將大碗放在冰水上，冷卻至略為凝固。

4 將 3 倒入塗上薄薄一層油（不包含在食譜份量內）的容器內，放入冰箱中冷藏定型。
（Horie）

乾蘿蔔絲與紅葉萵苣沙拉

| 熱量 | 108kcal |
| 鹽分 | 0.8g |

草莓優格凍

| 熱量 | 96kcal |
| 鹽分 | 0.1g |

蕃薯雜糧飯

| 熱量 | 248kcal |
| 鹽分 | 0g |

豆腐排佐菇類淋醬

| 熱量 | 262kcal |
| 鹽分 | 1.6g |

Saturday

軟嫩豆腐漢堡排 套餐

確實補充孕婦必需的營養素，鐵質＆葉酸！
加入豆腐的漢堡排，軟嫩的口感是絕品。

使用豆腐既健康又能增加份量

豆腐雞肝漢堡排

■ 材料

雞絞肉…200g
雞肝…80g
嫩豆腐…1/2塊
青花菜…1/2顆
紅蘿蔔…1/3根
A ┌ 洋蔥（磨成泥）…2大匙
　├ 酒…2大匙
　├ 醬油…1又1/2大匙
　└ 檸檬汁、砂糖…各2小匙
鹽、胡椒…各少許
橄欖油…1大匙

■ 作法

1　用廚房紙巾將豆腐包起，用微波爐加熱約2分30秒。雞肝切碎。

2　切掉青花菜的莖後分成小朵，再切成容易入口的大小，削掉莖部的皮之後切成1.5cm的塊狀。紅蘿蔔切成厚6mm的圓片。在鍋中倒入足夠的水，加熱至沸騰後加鹽（不包含在食譜份量內），將青花菜的莖燙30秒，花的部分煮到顏色變鮮豔後撈起，再用同樣一鍋水將紅蘿蔔煮熟。

3　在大碗中放入1和絞肉，加入橄欖油、鹽和胡椒，以固定方向攪拌。分成兩等分之後捏製成形，以手拍打將空氣拍出。

4　平底鍋內倒入少許橄欖油（不包含在食譜份量內）加熱，將漢堡排放入鍋中煎至兩面變色，再加入1杯水和A以中火燉煮。當煮汁變少時將漢堡排翻面，蓋上蓋子以小火蒸2～3分鐘。盛盤，再擺上2。

滿滿的高麗菜，
促進腸胃功能

高麗菜鷹嘴豆濃湯

■ 材料

高麗菜…1/6個
鷹嘴豆（水煮）…60g
牛奶…1又1/2杯
鹽、胡椒…各少許

■ 作法

1　將高麗菜切大塊。

2　在鍋中倒入1杯水，放入1和鷹嘴豆，蓋上蓋子用比中火小一點的火煮4～5分，煮至高麗菜變軟。以手持式攪拌器或食物調理機打成泥狀。

3　將2倒回鍋中，加入牛奶稍微加熱後，以鹽和胡椒調味。可依個人喜好滴上幾滴橄欖油。

加入巴西里，
輕鬆補充葉酸

巴西里拌飯

■ 材料

熱飯…300g
巴西里（切碎末）…2～3大匙
鹽、胡椒…各少許
橄欖油（或奶油）…1～2小匙

■ 作法

在大碗中倒入巴西里、鹽、胡椒和橄欖油，攪拌均勻後再加入白飯拌勻。

可以充分補給
鐵質的熱飲

熱李子飲

■ 材料

李子汁…1又1/2杯
葛粉（或太白粉）…2小匙
蜂蜜…1～2小匙
檸檬汁…1小匙

■ 作法

將李子汁倒入小鍋中加熱，以蜂蜜和2大匙水將葛粉溶解後加入鍋中，熄火。加入檸檬汁後倒入杯中。

（井澤）

巴西里拌飯

熱量	272kcal
鹽分	0.5g

高麗菜鷹嘴豆濃湯

熱量	183kcal
鹽分	0g

熱李子飲

熱量	137kcal
鹽分	0g

豆腐雞肝漢堡排

熱量	397kcal
鹽分	2.8g

Sunday

促進寶寶的神經發育

葉酸是進行細胞分裂或製造新的紅血球時不可或缺的營養素。
在懷孕初期，寶寶的神經器官形成時，特別去多攝取一些是很重要的。

Keyword

葉酸

每日建議攝取量為480μg

葉酸豐富的食材特徵是綠色！
多多食用黃綠色蔬菜吧

葉酸是維生素B群的一種，肩負著製造正常紅血球或細胞的責任。若是在懷孕相當初期時攝取不足，會提高發生脊柱裂或無腦症、神經管閉鎖障礙等胎兒先天性障礙的危險性。除此之外，為了預防貧血，葉酸也是會希望孕婦多攝取的維生素。因此，在懷孕期間，請比平常攝取更多綠色蔬菜吧。

×

相輔相成

維生素B₁₂

一起吃的話可以
提高葉酸的吸收率！

動物性蛋白質含有許多維生素B₁₂，在幫助葉酸合成體內細胞的同時，也會製造新的紅血球。魚貝類、蛋與大豆製品富含維生素B₁₂，與黃綠色蔬菜一起料理，除了能夠更有效率的攝取葉酸外，也能達到營養均衡。

有效率的攝取葉酸的 5 個重點

1 每天食用350克以上的蔬菜！

蔬菜中含有許多葉酸，由於葉酸怕熱，依照烹飪方式的不同，甚至會流失50%。作為攝取足夠葉酸的基準，建議從攝取的眾多食材中，一天食用350克以上的蔬菜。與含有維生素B₁₂的動物性食品一起攝取更能提高效果。

2 葉酸怕水也怕熱，盡可能生吃！

葉酸為水溶性維生素，具有怕水與怕熱的性質。建議以水稍加沖洗後，直接做成沙拉生吃。一旦鮮度降低，葉酸的含量也會隨之減少，盡量選擇新鮮的蔬菜，並且盡快食用。

3 縮短浸泡時間！連湯汁一起食用也是好辦法

清洗蔬菜時動作要快，浸泡的話要在短時間完成。為了讓蔬菜口感清脆而長時間浸泡的話，可貴的葉酸會有將近90%會流失在水中……！做成湯品或是味噌湯、燉煮料理等可以連水分一起吃的料理，也是一個聰明的方法。

4 加熱調理的重點是時間！

需要加熱的場合，就將「盡可能在短時間內完成」這件事放在心上吧。推薦的料理法是短時間就能讓食物變熱的「炒」，在起鍋前以太白粉水勾芡的話，就能將因為加熱而流出的營養一滴不漏的完全攝取到。

5 將食材放在不會照到陽光的地方保管

葉酸具有怕光的性質，在照得到太陽的地方放三天的話，會有大約70%的葉酸被分解！不只葉酸，其他的維生素也是越新鮮的食材含量越豐富。蔬菜買來之後，要立刻放進冰箱保存，並且盡快食用完畢。

巴西里畢拉夫炒飯

享受核桃的口感！
簡單就能完成的畢拉夫風主食

材料

熱飯…250g
巴西里（切碎）…3～4大匙
核桃…20g
鹽、胡椒…各少許
奶油…1/2大匙

作法

1 將核桃放入耐熱容器裡，以微波爐加熱2分鐘左右後切碎。
2 在飯裡加入1、巴西里、鹽、胡椒和奶油後拌勻即可。

綠奶油煮蕪菁

連營養價值高的蕪菁葉也用上，完整使用整顆蕪菁

材料

蕪菁…4個（200g）
蕪菁葉…100g
剝殼的蝦…150g
青花菜
　…1/2個（100g）
洋蔥…1/2個
牛奶…1杯
鹽、胡椒…各適量
麵粉…2大匙
A ┌ 湯塊…1個
　│ 白酒…1大匙
　└ 水…1/2杯
奶油…1大匙

作法

1 以鹽、胡椒幫蝦子調味。洋蔥切薄片、青花菜切成一口大的大小。
2 去掉蕪菁的葉子，將蕪菁切成半月形後去皮。蕪菁葉仔細洗淨後以大量熱水煮過再切碎，之後放入食物處理機打成泥狀。
3 將小鍋子加熱，放入奶油融化後倒入洋蔥炒至透明，再加入麵粉稍微炒一下。倒入牛奶煮7～8分鐘，讓鍋中液體產生黏稠度。
4 將3加入2的食物處理機，攪拌至變得滑順。
5 將A倒入鍋中煮滾，放入青花菜與蕪菁，蓋上鍋蓋蒸煮4～5分鐘。放入蝦子後再煮1分鐘，倒入4後稍微煮一下，再以鹽和胡椒調味。　（Horie）

葉酸 265µg
熱量 283kcal
鹽分 2.1g

葉酸 35µg
熱量 304kcal
鹽分 0.3g

鮪魚酪梨蕃茄義大利冷麵

在沒有食欲的日子裡也能吃得下的清爽和風義大利麵

材料

義大利麵（比較細一點的種類。
　照片裡所使用的是細麵
　〈Fedelini〉…180g
鮪魚（生魚片用）…150g
酪梨…1個
蕃茄…1個
A ┌ 醬油…2小匙
　├ 山葵…少許
　└ 橄欖油…1大匙
海苔絲…適量

作法

1　將酪梨、蕃茄、鮪魚各切成5cm
的塊狀。
2　在大碗中將 A 混合均勻後加入
1，小心不要把酪梨弄散，輕輕攪
拌後放入冰箱冷藏。
3　在鍋裡放入大量的水煮沸，加入
少許鹽（不包含在食譜份量內），
將義大利麵下鍋，煮比包裝上所標
示的所需時間再多一分鐘，以篩子
撈起後快速放入冰水中冷卻，再充
分瀝乾水分。
4　將3加入2裡，整體混合拌勻後
盛盤，再灑上海苔絲。　　（高谷）

葉酸 104μg
熱量 **645kcal**
鹽分 **2.0g**

花生醬拌油菜花

以清脆的口感及大人才懂的苦味讓人煥然一新

材料

油菜花…200g
A ┌ 花生醬…3大匙
　├ 醬油…1/2大匙
　└ 醋…3/4大匙

作法

1　將油菜花根部較硬的部分切去約1cm左右。將
充足的水倒入鍋中煮沸，加入少許鹽巴（不包含
在食譜份量內），把油菜花由根部放入，汆燙大
約1分鐘後瀝乾水分。將油菜花擰乾水分後切成3
等分，再次用廚房紙巾吸去水氣。
2　將 A 倒入大碗中攪拌均勻後再加入1拌勻。（中村）

葉酸 364μg
熱量 **201kcal**
鹽分 **0.9g**

黏稠沙拉式蕎麥麵
可以均衡攝取葉酸、鐵、蛋白質的一品

材料
蕎麥麵（乾麵）…150g
黃麻菜…50g
納豆…1盒
蕃茄…1顆
酪梨…1/2顆
檸檬汁…2小匙
蛋黃…2顆的份量
柚子醋醬油…適量

作法
1 將充足的水倒入鍋中煮沸，把蕎麥麵依照包裝上所寫的時間煮熟。以篩子撈起後瀝乾水分，接著再在流動的水下搓洗，之後瀝乾。
2 黃麻菜燙過，放涼後擰去水分切細。納豆充分攪拌。蕃茄切成1～2cm的塊狀，酪梨切成1cm的塊狀，淋上檸檬汁。
3 將1盛入容器中，再將2分別排在麵上，在正中間放上蛋黃。
4 淋上柚子醋醬油，充分攪拌後食用。
（廣澤）

葉酸 186μg
熱量 483kcal
鹽分 1.3g

蘆筍拌海苔
將蘆筍充分烤過，引出甜味

材料
綠蘆筍…5根（150g）
鹽…1/5小匙
芝麻油…1/2小匙
海苔（整片）…1/2片

葉酸 157μg
熱量 27kcal
鹽分 0.6g

作法
1 將蘆筍切去根部較硬的部分，斜切掉約1cm左右的長度。
2 將蘆筍放上烘焙紙，以烤箱烤7～8分鐘。灑上鹽和芝麻油拌勻，再灑上撕碎的海苔。
（牧野）

青花菜濃湯
高湯的香味既清爽又健康

材料
青花菜…1個（260g）
吐司麵包（6片裝）…1片
柴魚高湯…1又1/4杯
牛奶…4大匙
鹽、白芝麻…各少許

作法
1 青花菜分成小朵。在鍋中裝水煮沸，加入鹽巴（不包含在食譜份量內），把青花菜煮到軟後撈起，瀝乾水分。
2 吐司麵包去邊，隨意撕成塊狀，和1、高湯一起放入攪拌機打成泥狀。
3 將2倒入鍋中，加入牛奶稍微煮一下，以鹽調味。倒入容器之後灑上芝麻。
（廣澤）

葉酸 285μg
熱量 138kcal
鹽分 1.0g

新鮮蕃茄與海鮮炒烏龍

用來提味的大蒜&薑給人刺激的感受

材料
煮好的烏龍麵…2球
蕃茄…1顆
香菇…3朵
綜合海鮮…200g
大蒜…1瓣
生薑…1個指節的大小
細蔥…2〜3根
A ┌ 味醂…2大匙
　└ 醬油…1大匙
胡椒…少許
芝麻油…1大匙

作法
1　蕃茄切成半月形。香菇切薄片，大蒜、生薑切碎，細蔥切成蔥花。
2　將芝麻油放入平底鍋加熱，將大蒜和生薑炒出香味後倒入綜合海鮮、蕃茄和香菇後再加以翻炒。
3　在鍋中加水，將黏住的烏龍麵弄開後加入鍋內，把 A 均勻的淋在麵上，炒到沒有水氣為止。灑上細蔥和胡椒。　　　　　　（森）

葉酸　71μg
熱量　404kcal
鹽分　3.1g

水菜煮秋葵

可以確實攝取到葉酸和鐵的優秀小缽料理

材料
水菜…100g
秋葵…6根
油豆皮…1片
柴魚片…少許
A ┌ 高湯…3/4杯
　│ 薄口醬油…1大匙
　└ 酒、味醂…各1小匙

作法
1　水菜切成4cm長，秋葵縱切切半，油豆皮燙過之後切成一口大的大小。
2　將 A 倒入鍋中加熱，沸騰之後放入油豆皮稍微煮一下，再放入水菜和秋葵，煮2分鐘後加入柴魚片拌一下，連煮汁一起盛入容器內。　　（大越）

葉酸　142μg
熱量　91kcal
鹽分　1.1g

蘆筍玉米炒飯

香甜的新鮮玉米在補充葉酸這點上大為活躍

材料
白飯…300g
蛋液…2顆的份量
玉米（水煮過）…1根
生薑（切末）…15g
萵苣…2片
鹽、胡椒…各少許
A ┌ 醬油…1/2大匙
　└ 酒…2小匙
芝麻油…1大匙
白芝麻…少許

作法
1　將白飯、蛋液倒入大碗中，仔細拌勻。蘆筍切掉根部較硬的部分之後切成一口大的大小。用刀將玉米粒刮下。
2　將芝麻油與薑末放入平底鍋，開小火，有香味出來後再放入1的蔬菜翻炒。
3　油充分的附著在鍋子上後，將白飯也加入鍋中翻炒，加入鹽、胡椒，將飯炒開之後再繼續炒一下。
4　最後加入撕成容易入口的大小的萵苣，均勻淋上A後拌勻。盛盤後灑上芝麻。　　　　（大越）

葉酸 167µg
熱量 451kcal
鹽分 1.2g

春菊大蒜湯

一喝就上癮！可以品味濃郁香氣的湯

葉酸 107µg
熱量 78kcal
鹽分 1.2g

材料
春菊（茼蒿）…100g
大蒜…4瓣
雞柳…1片
A ┌ 酒…1大匙
　└ 太白粉…1小匙
B ┌ 水…2杯
　│ 雞湯粉…1小匙
　└ 薑絲…10g
鹽、胡椒…各少許
芝麻油…1小匙

作法
1　春菊燙熟後切碎。大蒜去薄膜後切碎。雞柳切成條狀，以混合均勻的A醃過調味。
2　將充分的水和大蒜入鍋中，煮約10分鐘後，將水倒掉。
3　以菜刀將大蒜拍開後再放回鍋中，加入B後開火加熱。
4　煮滾後轉中火，一邊將雞肉一條一條加進去，煮到變色後撈去浮渣。加入春菊後再煮1分鐘，以鹽、胡椒調味。盛入容器中之後滴上芝麻油。　　　（大越）

單位 98μg
熱量 353kcal
鹽分 1.2g

煎鮭魚佐酪梨醬

以濃郁的酪梨醬讓美味
更上一層樓的一道料理

材料
鮭魚…2片
酪梨…1顆
甜椒（黃）…1/2顆
洋蔥（切末）…2大匙
A ┌ 檸檬汁…1大匙
　 │ 奶油起司…18g
　 └ 鹽…1/4小匙
鹽、胡椒…各少許
橄欖油…1大匙

作法
1　將洋蔥放入大碗，灑上少許鹽（不
包含在食譜份量內），稍等片刻待其
變軟。加入酪梨後以叉子搗碎，加入
A混合均勻。
2　將甜椒切成1cm厚的圈。在鮭魚上
面灑上鹽與胡椒。
3　將橄欖油放入平底鍋中以中火加
熱，將甜椒兩面煎過。空著的地方則
放入鮭魚煎2分鐘，變色後翻面再煎1
分鐘。
4　將3盛入盤中，旁邊擺上1。
（中村）

檸檬醃泡干貝高麗菜

只要泡著就會自己變好吃

材料
干貝（生食用）…8個
高麗菜…150g
紫洋蔥…1/2顆
檸檬汁…1/2顆的份量
鹽、胡椒…各少許
A ┌ 檸檬（切片）
　 │ 　…3～4片
　 │ 甜菜糖（或砂糖）
　 │ 　…1小匙
　 │ 鹽…1/2小匙
　 └ 胡椒…少許
橄欖油…1大匙

作法
1　將干貝大略洗過，以廚房紙
巾將水氣吸乾。
2　高麗菜切絲。紫洋蔥切成
2mm厚的薄片後，再泡5分鐘
左右後將水瀝乾。
3　將平底鍋以中火加熱，倒入
橄欖油與1，將表面稍微煎到
變色，加入鹽、胡椒與檸檬
汁，煮至沸騰後熄火。
4　將A倒入平底淺盤之類的容
器混合均勻，再放入2與3加
以醃漬。　（渡邊）
※醃漬之後馬上吃也可以，但
是放入冰箱放一晚之後會更加
入味，也很好吃！大約可以保
存2天左右。

單位 171μg
熱量 220kcal
鹽分 2.1g

清煮軟Q蝦丸青花菜

漂亮的粉紅色，看著也開心

材料
剝殼的蝦…200g
青花菜…1/3棵（100g）
木耳（乾貨）…2g
A ┌ 蛋黃…1顆份
　├ 鹽…1/4小匙
　└ 酒…1大匙
長蔥（切絲）…5cm
太白粉…2大匙
高湯…2杯
B ┌ 鹽…1/4小匙
　└ 味醂、酒…各1大匙
C ┌ 太白粉…1大匙
　└ 水…2大匙
蛋白…1顆份

作法
1　將蝦子用食物調理機打碎（或使用菜刀剁碎），與A混合均勻後仔細攪拌，再加入蔥與太白粉繼續攪拌。
2　青花菜切成一口大的大小。木耳泡水發開，用手去掉較硬的部分。
3　將高湯倒入鍋中煮滾，把1用湯匙分成8等分的球狀下鍋，浮起來後加入B和2稍微煮一下，將料撈起來盛入容器中，煮汁留在鍋中備用。
4　將煮汁煮滾，倒入混合均勻的C勾芡，再倒入蛋白稍微攪拌，變成蛋花之後關火，淋在3上。　　　　　（中村）

葉酸 180μg

熱量 209kcal
鹽分 2.4g

鮭魚、板豆腐與青花菜溫沙拉

不使用火而使用微波爐，能讓營養不流失

材料
鮭魚…2塊
板豆腐
　…1/2塊（150g）
青花菜…1/2棵
荷蘭豆…6個
A ┌ 橄欖油、醋
　│ …各2大匙
　├ 砂糖…1小匙
　├ 鹽…1/2小匙
　└ 芥末籽醬
　　…1～2小匙

作法
1　豆腐放在墊了廚房紙巾的耐熱容器裡用微波爐加熱3分鐘左右，放涼後切成一口大的大小。
2　鮭魚切成一口大的大小後放入耐熱容器，包上保鮮膜後用微波爐加熱5分鐘左右，放涼後去除魚皮和魚骨。
3　青花菜切成一口大的大小，與荷蘭豆一起沾水後用保鮮膜包起，用微波爐加熱4～5分鐘左右。
4　將1、2、3一起盛盤，把A拌勻後淋上。　　　　　（森）

葉酸 183μg

熱量 402kcal
鹽分 1.4g

白菜蕃茄鍋

重點在於提味的味噌，美味具有深度的火鍋

材料
白菜…1/8棵
鱈魚…3片
小芋頭…6個（300g）
青江菜…2棵
金針菇…1袋
蕃茄醬汁罐頭…1罐
高湯…3杯
A 酒、味噌…各1大匙
　　醬油…1/2大匙
　　鹽…少許

作法
1　白菜切大塊，鱈魚分成三等分。小芋頭去皮，抹上鹽後很快的用水沖過，去掉雜質後切半。青江菜切成4等分的長度，金針菇用手剝開。
2　將高湯倒入鍋中加熱，放入小芋頭後以較弱的中火煮到變軟。
3　倒入蕃茄醬汁與A，攪拌均勻後將1的其他料加入鍋中，煮熟後即可食用。　（古口）

葉酸 231μg
熱量 306kcal
鹽分 5.0g

韓式蘆筍
青花菜煎餅

「敲打過的蔬菜」的口感相當新奇！

葉酸 207μg
熱量 179kcal
鹽分 1.8g

材料
綠蘆筍…80g
青花菜…80g
洋蔥…50g
金針菇…50g
芝麻油…適量
A 水…1/2杯
　　麵粉…5大匙
　　黃豆粉…2大匙
　　天然鹽…少許
★韓式沾醬
長蔥（切蔥末）…2小匙
白芝麻…1小匙
醬油…滿滿1大匙
米醋…1大匙
辣椒粉…少許

做法
1　用研磨棒之類的東西敲打蘆筍及分成小朵的青花菜的莖部。蘆筍切成7～8cm的長度，青花菜兩三朵縱切。洋蔥切薄片，金針菇縱切切半。
2　在大碗裡放入A，大致拌一下後再放入1，大致拌過。
3　在不沾鍋平底鍋內倒入芝麻油加熱，將2倒入鍋內，形成一個個8cm左右的圓形薄片，將兩面煎至變脆。
4　盛盤，在一旁擺上沾醬。
　（狩野）

韓式涼拌裙帶菜

用微波爐一下子就能做好也是它的優點

材料
裙帶菜（鹽醃
　已經發開）…100g
金針菇…1袋
A｜醬油…1/2大匙
　｜生薑（磨碎）…1小匙
　｜醋、芝麻油
　｜　…各1大匙
　｜白芝麻…1/2大匙

作法
1　裙帶菜切成一口大的大小，以微波爐加熱1分30秒左右後放涼備用。金針菇切半，從根部仔細將之分開，以微波爐加熱1分鐘以下。
2　在大碗裡將A混合均勻，要吃之前再倒入1拌勻。依喜好放上辣椒絲。　（Horie）

葉酸 68μg
熱量 105kcal
鹽分 1.0g

韓式涼拌南瓜

可抗氧化的維生素E含量也很豐富

材料
南瓜…1/8顆
大蒜（磨碎）…少許
A｜柚子醋醬油、
　｜　白芝麻
　｜　…各1大匙
芝麻油…2小匙

作法
1　南瓜切成一口大小的薄片。
2　在平底鍋裡倒入芝麻油，放入大蒜後加熱，飄出香味後將1在鍋裡排好，將兩面煎到熟。
3　稍微放涼之後用A拌一下，讓醬汁附著在南瓜上。
　（鯉江）

葉酸 122μg
熱量 136kcal
鹽分 0.7g

油菜花羊栖菜拌豆腐

裹上碎豆腐之後可以快速完成！

材料
油菜花…1/2束
雞柳…1片
芽羊栖菜（乾燥）…2大匙
板豆腐…1/2塊（150g）
A｜醬油…1又1/2大匙
　｜芝麻油…2大匙
　｜醋…2小匙
　｜砂糖…1小匙

作法
1　雞柳從側面下刀對半切開，放入耐熱容器後蓋上保鮮膜，以微波爐加熱3～4分鐘，待涼後撕成細絲。
2　芽羊栖菜以溫水發開。
3　將水倒入鍋中加熱，將豆腐稍微燙過，瀝乾水分。接下來將油菜花燙熟後瀝乾水分、再將芽羊栖菜燙過後瀝乾水分。
4　將油菜花切成3cm的長度，與1、芽羊栖菜和搗碎的豆腐拌在一起之後再淋上A，仔細拌勻。　（森）

葉酸 189μg
熱量 229kcal
鹽分 2.1g

水菜海苔魩仔魚沙拉

隨意灑上砂糖，做成越南風味的沙拉

材料
水菜⋯150g
魩仔魚⋯3大匙
海苔⋯適量
醬油、砂糖⋯各1/2小匙
芝麻油⋯1小匙

作法
1　水菜切成3～4cm的長度，以廚房紙巾包起，放入冰箱中冷藏，讓它的口感變清脆。
2　芝麻油倒入平底鍋中加熱，放入魩仔魚以小火炒至變脆。
3　將1盛入容器中，撕碎海苔後灑上，滴上醬油，砂糖也用手隨意灑落。將還熱熱的2倒下去後大致拌勻。　　（館野）

葉酸 148μg
熱量 59kcal
鹽分 0.8g

高麗菜嬰與玉米筍佐芥末籽優格醬

學會製作清爽大人味的醬汁，只有好處沒有壞處

材料
高麗菜嬰⋯5顆（100g）
玉米筍⋯6根（70g）
A　芥末籽醬⋯1小匙
　　美奶滋⋯1大匙
　　原味優格⋯2大匙
　　鹽⋯1/4小匙

作法
1　水放入鍋中煮沸後加少許鹽（不包含在食譜份量內），將高麗菜嬰放入熱水中煮3分鐘後，再放入玉米筍煮1分鐘，撈起後放入冷水中冷卻。去除水氣後將高麗菜嬰對半縱切，玉米筍斜切成兩段。
2　在大碗裡將A拌勻後，再淋在1上。　　（中村）

葉酸 161μg
熱量 92kcal
鹽分 1.0g

海苔捲春菊

清爽的香氣與口感，最適合用來清除口中的餘味

材料
春菊（茼蒿）
　⋯1束（200g）
海苔（整片）⋯1片
醬油⋯少許
檸檬（切1/4薄片）
　⋯少許
柚子醋醬油⋯少許

作法
1　將春菊燙過後放入冷水中冷卻，之後將莖與葉交互擺放，弄成一束，去除水氣。滴上醬油之後輕輕擰過。
2　以海苔將1捲起，放1分鐘左右讓味道融合，再切成一口大的大小，擺盤後放上檸檬片，在旁邊放上柚子醋醬油。
　　（館野）

葉酸 228μg
熱量 26kcal
鹽分 0.4g

綜合生菜葉與雞柳沙拉

將新鮮蔬菜的營養直接做成沙拉

材料
綜合生菜葉…1袋（40g）
雞柳…1片
洋蔥…1/4顆
甜椒（黃）…1/2顆
A ┌ 醋…1大匙
　├ 橄欖油…2大匙
　├ 醬油、山葵醬
　│　…各1/2小匙
　├ 紅糖、鹽
　└　…各1/4小匙

作法
1 雞柳放入加了鹽與酒（不包含在食譜份量內）的熱水中煮熟，稍微冷卻之後撕成絲。
2 洋蔥與甜椒切薄片，與生菜葉一起泡水去除澀味之後瀝乾。
3 在大碗裡將A拌勻後，再放入1和2拌過。　　（鯉江）

葉酸 58.2μg
熱量 161kcal
鹽分 1.0g

2

充葉酸的推薦菜單

溫野菜佐納豆醬

全新感覺的納豆醬讓人為之感動

材料
南瓜…200g
四季豆…4～5個
荷蘭豆…4～5個
A ┌ 納豆…1盒
　├ 魩仔魚…1大匙
　├ 青紫蘇（切碎末）
　│　…2片
　├ 醬油、米醋、砂糖
　│　…各1小匙
　└ 芝麻油…少許

作法
1 南瓜切成適當的大小，四季豆斜切成兩段。把水倒入鍋中加熱後加入少許鹽（不包含在食譜份量內），把南瓜、四季豆和荷蘭豆煮熟後放入器皿中。
2 將A混合均勻做成醬汁，淋在1上。依喜好灑上黑芝麻。
　　（井澤）

葉酸 89μg
熱量 174kcal
鹽分 0.6g

裙帶菜根海苔燒

海藻的鹹味與芝麻油的香氣會讓人吃上癮

材料
裙帶菜根（已調味）
　…100g
大豆罐頭（以蒸熟方式
　調理過的）…30g
海苔（整片）…2片
青紫蘇（切碎末）
　…2～3片
魩仔魚…1大匙
麵粉…2大匙
油、芝麻油…各適量

作法
1 將海苔放進塑膠袋中搓揉，再加入裙帶菜根、大豆、青紫蘇加以混合。
2 加入麵粉拌勻，再加入2大匙水攪拌至麵糊滑順。
3 將芝麻油倒入平底鍋加熱，以湯匙將2舀起倒入鍋中，煎至兩面酥脆。　（Horie）

葉酸 99μg
熱量 89kcal
鹽分 0.9g

預防貧血好讓營養完全傳遞給寶寶

由於在懷孕期間中血液量會增加，血液的濃度會被稀釋，進而造成容易貧血的狀態。
因為貧血也會對胎兒的發育造成影響，就以每天的飲食來補給鐵吧。

Keyword

鐵

懷孕中至授乳期的建議攝取量（mg／1日）

懷孕前	懷孕初期	懷孕中期	懷孕後期	授乳期
10.5	8.5~9	21~21.5	21~21.5	8.5~9

從懷孕中期開始，
需要比懷孕之前一倍以上的「鐵」！

一旦變成缺鐵性貧血，不只會有心悸等症狀，也可能會對胎兒的發育造成影響，或是在分娩時發生大量出血等問題。此外，從懷孕後期開始所攝取的鐵，有5/6都會儲藏在寶寶體內，成為在成長時不可或缺的營養。作為母乳原料的也是血液，因此從懷孕開始到產後，針對貧血採取對策是媽媽在飲食上最大的課題。

相輔相成

×

維生素C

與非血基質鐵組合，
提高吸收率

蔬菜或大豆製品、海藻等所含有的非血基質鐵，與維生素C一起攝取就能夠提高吸收率。與青花菜、甜椒或柑橘類等維生素C豐富的食材加以組合，有效率的攝取鐵吧。

預防貧血的
3 個重點

1 積極攝取吸收率高的血基質鐵

動物性食品中所含的血基質鐵與植物性食品中所含的非血基質鐵，在吸收率上有很大的差別。相對於血基質鐵的吸收率為25%，非血基質鐵的吸收率為3~5%。為了預防貧血，積極攝取紅肉魚、牛瘦肉、貝類和雞蛋等食材所含的血基質鐵是很重要的。

2 盡可能不要讓蛋白質不足

要預防貧血，除了鐵之外，蛋白質也是很重要的。因為蛋白質除了是紅血球中血紅素的材料之外，對於鐵的吸收也很有幫助。除了肉和魚貝類之外，雞蛋、大豆製品、乳製品、海苔、柴魚片等，也是含有均衡的必需胺基酸的優質蛋白質。

3 攝取幫助紅血球形成的葉酸

貧血有9成都是缺鐵性貧血，不過也有必要注意因葉酸或維生素B_{12}不足所引起的貧血。特別是葉酸是胎兒成長時不可或缺的營養素。記得要確實攝取綠色蔬菜或黃豆芽、海苔、裙帶菜等的葉酸、還有魚類或貝類等含有豐富維生素B_{12}的食物。

雜糧湯

濃稠的口感和溫和的味道
讓肚子慢慢的暖起來

材料

混合雜糧…4～5大匙
馬鈴薯…1顆
長蔥…1根
湯塊…1塊
粗磨黑胡椒、帕馬森起司…各適量

作法

1 馬鈴薯切成1cm的塊狀，蔥先縱切切半後再切成1cm的長度。

2 在鍋內倒入3杯水，將 **1**、混合雜糧、湯塊放入之後開大火，煮滾後轉小火煮30～40分鐘。

3 盛入容器之後再灑上粗磨黑胡椒和帕馬森起司。

■ 0.9mg
熱量 127kcal
鹽分 1.1g

■ 3.0mg
熱量 274kcal
鹽分 2.1g

和風焗烤鮭魚菠菜

以山藥做成的簡單白醬
完成清爽的口感

材料

鮭魚…2片
菠菜…1束
山藥…150g
醬油、麵粉
　　…各1/2大匙
鹽、胡椒…各少許
味噌…1/2大匙
美奶滋…1大匙
奶油…2又1/2小匙

作法

1 鮭魚去骨後切半，均勻滴上醬油。

2 去除 **1** 的水氣，灑上薄薄一層麵粉。將1又1/2小匙的奶油放入平底鍋中加熱，將魚煎至表面酥脆。

3 菠菜切成3cm的長度，浸泡過冷水之後擰乾。弄散之後加入鹽、胡椒和1小匙奶油拌勻，以微波爐加熱1分鐘。

4 山藥放入塑膠袋中，以研磨棒之類的東西打碎，加入味噌和美奶滋拌勻。

5 在耐熱容器中鋪上 **3**，再排上鮭魚，淋上 **4**（將塑膠袋的一角剪開再擠出來的話會很方便），以烤箱烤10～15分烤至上色。 　　　（Horie）

2

防貧血

毛豆豆乳蛋奶
義大利麵

鮮豔的綠色毛豆與黃色的蛋，
健康攝取優質蛋白質

材料

義大利麵（個人喜歡的種類）…160g

毛豆（帶豆莢）…200g

雞蛋…2顆

A ┌ 豆漿（調整豆漿）…4大匙
　├ 起司粉…2大匙
　└ 鹽、胡椒…各少許

檸檬片…2片

● 使用「調整豆漿」是為了避免在加熱時會產生分層的現象。

作法

1 以加了鹽（不包含在食譜份量內）的熱水將義大利麵依照包裝上的說明煮熟，毛豆煮熟後從豆莢中取出。

2 將蛋打進大碗中打散，加入A混合均勻。

3 將2倒入平底鍋中以小火加熱約5分鐘，煮至變得濃稠滑順。加入1之後拌勻，盛盤，再擺上檸檬裝飾。可依喜好灑上黑胡椒。　　　　　　（鯉江）

5.3mg

熱量 573kcal
鹽分 1.5g

酪梨納豆拌海苔

維生素與礦物質含量豐富的三兄弟

材料

酪梨…1/2顆

納豆…1盒

海苔（切8等分）…2片

醬油…1/4小匙

亞麻仁油（或橄欖油）
　…1小匙

作法

1 酪梨在要吃之前才削皮去籽，切成一口大的大小。

2 將海苔撕碎加入納豆裡。

3 將1與2拌勻，盛入容器中，淋上亞麻仁油和醬油。　　（鯉江）

1.1mg

熱量 122kcal
鹽分 0.5g

牡蠣西洋菜義大利麵

牡蠣西洋菜義大利麵

最後再放上煎得軟嫩的牡蠣

材料

義大利麵…150g
牡蠣…150g
西洋菜…2束
大蒜…1瓣
紅辣椒…1根
麵粉、橄欖油…各1大匙

作法

1　牡蠣灑上太白粉（不包含在食譜份量內）後加水，之後撈起，以廚房紙巾吸乾水分。

2　西洋菜摘去葉子，莖斜切。大蒜拍開，辣椒去掉種子。

3　將橄欖油倒入平底鍋，放入大蒜和辣椒加熱，再放入裹了麵粉的牡蠣煎至焦黃。一半的牡蠣盛起備用，另一半壓碎。

4　在鍋中加入大量的水加熱，加入1%的鹽（不包含在食譜份量內），將義大利麵依照包裝上的說明煮熟。煮熟後再放入西洋菜的莖，之後一起撈起。

5　在3的平底鍋裡放入4拌勻，再放上西洋菜的葉子、剛剛盛起備用的牡蠣後大致拌一下。　　　　（Horie）

鐵　9mg
熱量　406kcal
鹽分　1.6g

涼拌高麗菜沙拉

不使用美奶滋的健康食譜

鐵　0.6mg
熱量　133kcal
鹽分　0.4g

材料

高麗菜…1/6顆
紅蘿蔔…1/3根
玉米粒…3大匙（40g）
A ┌ 原味優格…3大匙
　├ 蜂蜜…1/2大匙
　├ 橄欖油…2小匙
　├ 醋…1小匙
　├ 鹽…1撮
　└ 胡椒…少許

作法

1　高麗菜、紅蘿蔔切細絲，玉米粒濾掉汁液。

2　在大碗裡將A混合均勻後，再加入1拌勻。
　　　　（鯉江）

豆 3.6mg

熱量 **584kcal**
鹽分 **2.7g**

豆腐泥
蠶豆鱈魚子
義大利麵

軟嫩的豆腐泥
是增加飽足感的好幫手

材料
義大利麵（1.4mm粗的種類）
　…160g
板豆腐…2/3塊（200g）
鱈魚子…1/2大塊（60g）
A┌鹽味昆布…10g
　│檸檬汁…1大匙
　│橄欖油…2大匙
　└胡椒…少許

作法
1 將板豆腐用棉布或厚的廚房紙巾
包起，用力擰乾水分。蠶豆從豆莢中
取出，去掉薄皮。鱈魚子從薄皮內挖
出。
2 將豆腐、鱈魚子與 **A** 放入大一點
的大碗中拌勻。
3 將義大利麵放入加了少許鹽（不
包含在食譜份量內）的熱水中依照包
裝上的說明煮熟。在起鍋2分鐘前加
入蠶豆，之後一起撈起。
4 在 **2** 的大碗裡加入 **3** 拌勻。
（中村）

豆 1.2mg

熱量 **82kcal**
鹽分 **0.8g**

咖哩炒紅蘿蔔乾
白蘿蔔絲

維生素A、E含量也很豐富！可一次多做一點當成常備菜

材料
（容易製作的份量·4人份）
乾白蘿蔔絲…40g
紅蘿蔔…1/2根
杏仁…5粒
鹽…1/2小匙
咖哩粉…1～2小匙
油…1大匙

作法
1 乾白蘿蔔絲以1/4杯水發開，之後
擰乾水分，發開蘿蔔絲的水留著備
用。紅蘿蔔切成2cm長的細絲。
2 將杏仁切碎。
3 將油倒入鍋中加熱，將乾白蘿蔔
絲、紅蘿蔔絲和 **2** 放入鍋中翻炒。炒
軟後將發開蘿蔔絲的水、鹽和咖哩粉
加入鍋中，炒至鍋中沒有汁液為止。
（阪口）

蛤蜊黃麻菜豆乳烏龍麵

有著濃厚美味的豆乳湯，全新感覺的烏龍麵

5.7mg
熱量 408kcal
鹽分 2.6g

材料
煮好的烏龍麵…2球
蛤蜊…200g
黃麻菜…1束
小蕃茄…5顆
豆漿…1杯
雞湯粉…1/2大匙
白芝麻…2大匙

作法
1 讓蛤蜊吐砂，將蛤蜊拿起，用殼互相搓洗。摘下黃麻菜的葉子，小蕃茄切半。

2 在鍋裡加入1又1/2杯水，將蛤蜊放入後開火，煮至蛤蜊開口後撈起，將肉取出。

3 在2的鍋子裡加入豆漿、雞湯粉、烏龍麵、黃麻菜和小蕃茄，再次開火，在快滾之前轉小火煮2～3分鐘，將蛤蜊加入。灑上芝麻後關火。　　　　　　　　（Horie）

2.2mg
熱量 98kcal
鹽分 0.5g

生利節韭菜拌芝麻

以芝麻油好好煎過，消除青背魚的腥味

註：生利節（なまりぶし）：
將生鰹魚切片後進行蒸或
煮的加工食品。

材料
生利節…60g
韭菜…1束（100g）
A ┌ 高湯…2大匙
　├ 醬油…1小匙
　└ 白芝麻…1小匙
芝麻油…1小匙

作法
1 將芝麻油倒入平底鍋中加熱，將生利節煎至焦黃，放涼後弄成小塊。

2 將水倒入鍋中煮沸，將韭菜燙過，保持漂亮的綠色，之後放入冷水中浸泡，去除水氣後切成3cm的長度。

3 在大碗中將A混合，加入1、2後拌勻。
　　　　　　　　（檢見崎）

和風蛤蜊金針菇菠菜義大利麵

蛤蜊高湯充分發揮效果的深厚滋味

材料
斜管麵…120g
金針菇…100g
菠菜…100g
蛤蜊…150g
大蒜…1瓣
薑…1指節大小
橄欖油…1大匙
A﹝酒、醬油…各2小匙

作法
1 金針菇和菠菜切成3～4cm的長度。
2 大蒜與薑切成小塊。
3 將橄欖油與2放入平底鍋中以小火翻炒，加入已吐砂的蛤蜊和A後蓋上鍋蓋悶煮2～3分鐘，待蛤蜊開口後即可關火。
4 在鍋裡放入大量的水煮沸，加入少許鹽（不包含在食譜份量內），依照包裝所寫的時間將斜管麵煮熟。在起鍋前30秒放入1，之後一起撈起。
5 將4放入3，大略拌過即可盛盤。
（館野）

■ 3.6mg
熱量 **282kcal**
鹽分 **2.0g**

蔬菜豆乳蛋包

口感圓潤的豆漿是打造軟嫩口感的關鍵

材料
A﹝雞蛋…3個
　豆漿…1/4杯
　鹽、胡椒…各少許
菠菜…1/4束
洋蔥…1/4顆
高麗菜…2片
巴西里（切碎末）
　…少許
蕃茄…1/2顆
油…2小匙
奶油…1小匙

作法
1 菠菜燙熟後切碎，洋蔥切薄片，高麗菜切絲，蕃茄切成1cm厚的片狀。
2 在大碗中將A仔細混合均勻，再加入菠菜。
3 在平底鍋內放入油與奶油加熱，將一半的洋蔥下鍋炒至透明後再加入一半的2，從邊緣開始仔細攪拌，煎至半熟時調整好形狀盛盤，再繼續煎另一個。
4 在蛋包旁擺上拌了巴西里的高麗菜絲和蕃茄。
（大越）

■ 2.5mg
熱量 **208kcal**
鹽分 **0.8g**

芝麻醬海鮮丼

在身體不舒服的時候也容易下嚥的丼飯料理

材料

綜合生魚片（鮪魚、鮭魚、鯛魚等）…2人份
酪梨…1/2顆
A 芝麻醬…2大匙
醬油、味醂、紅糖…各1大匙
味噌…1小匙
熱的金芽米飯…2碗的份量
海苔（切8片的大小）…2片
細蔥（斜切）…適量

作法

1 生魚片切成約2cm的塊狀，酪梨切成2cm的塊狀。
2 將飯盛入碗中，放上生魚片與酪梨，再淋上拌勻後的**A**，灑上撕碎的海苔和細蔥，依喜好可以再配上甜醋醃漬的薑片。（鯉江）

鐵 0.6mg
熱量 464kcal
鹽分 2.9g

鐵 3.1mg
熱量 269kcal
鹽分 0.4g

油豆腐四季豆拌花生醬

充滿香氣的花生醬讓人胃口大開

材料

油豆腐…1塊
四季豆…6根
A 花生醬、豆漿（或牛奶）…各2大匙
醬油…1/2小匙

作法

1 平底鍋以中火加熱，將油豆腐煎至兩面稍微上色。縱切成兩半後再切成7～8mm厚度的片狀。
2 四季豆以加了鹽（不包含在食譜份量內）的熱水煮約2分鐘，撈起切成容易入口的長度。
3 在大碗中將**A**混合均勻，再放入**1**和**2**拌勻。（渡邊）

雞蛋豆腐佐黏黏蔬菜

山藥、黃麻菜等含有黏性的蔬菜可以恢復疲勞

材料

雞蛋豆腐…2盒
山藥…5cm的長度
黃麻菜…1束
秋葵…2根
裙帶菜根（已調味）…1包
一味唐辛子…適量

作法

1 將山藥磨碎。
2 將黃麻菜的葉子摘下、與秋葵一起燙過之後切碎，加入裙帶菜根一起拌勻。
3 將雞蛋豆腐放入器皿內，放上**1**和**2**後再灑上一味唐辛子。（鯉江）

鐵 1.1mg
熱量 86kcal
鹽分 0.7g

魩仔魚櫻花蝦
綠茶炊飯

使用茶葉、香氣四溢的炊飯

材料（容易製作的份量）

米…360ml（2合）

A 魩仔魚…50g
　櫻花蝦…40g
　白芝麻…3大匙
　綠茶茶葉…2大匙

B 鹽…1/3小匙
　昆布茶…1小匙
　酒…1大匙

作法

1　將洗好的米和 A 放入電鍋，整體攪拌均勻。

2　加水至刻度 2，再加入 B，照一般方法將飯煮熟。

3　煮好後將整體再次攪拌後盛入碗中。

（大越）

鐵 2.5mg

熱量 309kcal
鹽分 1.6g

鐵 2.2mg

熱量 226kcal
鹽分 1.7g

韭菜豆腐

以少量的培根
增添鮮味

材料

板豆腐…1塊（300g）

韭菜…1/2束（50g）

金針菇…100g

培根…2片

A 雞湯粉…1小匙
　酒、水…各1大匙
　鹽…1/4小匙
　砂糖…2小匙

芝麻油…1小匙

作法

1　金針菇切成3cm的長度，培根切成1cm的寬度。

2　韭菜切成3cm的長度。

3　芝麻油倒入平底鍋中加熱，將 1 很快的炒過，再加入 A 悶煮2～3分鐘。

4　以湯匙將豆腐挖起加入鍋中，再蓋上鍋蓋悶煮1～2分鐘。

5　最後灑上 2，大致拌過即可。

（館野）

滿滿巴西里
與豆子的蕃茄飯

全都交給電子鍋，可以輕鬆完成的這一點也讓人很開心

材料（容易製作的份量）
米…360ml（2合）
鷹嘴豆（水煮）…120g
巴西里（切粗末）…10g
蕃茄醬汁罐頭
　（未添加食鹽）
　…1罐（285g）
雞蛋…依人數的份量
A ┌ 法式高湯粉…1小匙
　│ 鹽…2/3小匙
　└ 胡椒…少許
奶油…15g
油…少許

作法
1　將米洗好瀝乾。
2　把米放入電子鍋，加入蕃茄醬汁，再加水至刻度2，加入A拌勻，再放上鷹嘴豆，照一般方法將飯煮熟。
3　飯煮好之後加入巴西里與奶油拌勻，盛盤。
4　將油加入平底鍋中加熱，將蛋打入鍋中煎成荷包蛋，再放在3上。如果有的話，灑上切成細末的巴西里。
（中村）

鐵　2.7mg
熱量　447kcal
鹽分　1.6g

蛤蜊青江菜
炒魚露大蒜

大蒜香氣充分發揮的亞洲風味

材料
蛤蜊…300g
青江菜…1棵
大蒜…1瓣
紅辣椒
　（切辣椒圈）
　…少許
魚露…1/2大匙
酒、油…各1大匙

作法
1　蛤蜊泡鹽水2～3小時使之吐砂，拿起蛤蜊以用殼互相搓洗的方式洗淨。青江菜切去根部，大蒜切薄片。
2　將油倒入平底鍋中以小火加熱，放入大蒜與紅辣椒炒香後，放入1的蛤蜊與酒，蓋上蓋子悶煮1～2分鐘。
3　待蛤蜊開口之後放入青江菜與魚露加以翻炒。
（中村）

鐵　2.9mg
熱量　95kcal
鹽分　2.3g

豬肉小松菜
涮涮鍋

可以輕鬆準備且能攝取大量蔬菜
的鍋料理，是孕婦的好幫手

材料
薄切豬腿肉（涮涮鍋用）
　…50g
薄切豬里脊肉（涮涮鍋用）
　…50g
小松菜…300g
鴻喜菇…1盒
昆布…20cm的長度

作法
1　在土鍋內放入昆布與6杯水，
靜待30分鐘以上。
2　小松菜切成2～3等分的長度，
鴻喜菇分成小塊，與豬肉一起擺
入盤中。
3　將1放上卡式瓦斯爐開火，待
水滾後將肉、小松菜與鴻喜菇放
入鍋中，煮熟後沾醬汁食用。
（藤井）

鐵 4.8mg
熱量 273kcal
鹽分 0.1g

清爽的梅子烏龍麵

最後就以梅子清爽的酸味作結

鐵 0.4mg
熱量 171kcal
鹽分 2.7g

作法
火鍋的料全部吃完後，在鍋中放入1又1/2球的冷凍烏
龍麵。於鍋中灑上少許鹽和胡椒，一個碗裡放入一顆
梅乾，將湯汁倒入後再放入撈起的烏龍麵。

韓式海苔醬

拌飯或拌烏龍麵
都很好吃的萬能沾醬

材料
海苔（整片）…5片
大蒜（磨碎）…1瓣
蜂蜜…1小匙
醬油、芝麻油…各2大匙

作法
將海苔切成細絲，再將所有的材
料攪拌均勻即可。

柚子醋醬

不吃辣的人
可以不加辣椒

作法
柚子醋醬油…1杯
A　蘿蔔泥（擰乾水分）…1/2杯
　　かんずり（一種辣椒調味料）…1小匙
細蔥…10根

作法
將柚子醋醬油、混合後的A與切成蔥
花的細蔥各自盛入容器中，依喜好將
柚子醋醬油、A與細蔥混合。

鹽味相撲鍋

即使沒放肉或魚，油豆腐的
美味也人讓人吃得很滿足

材料
油豆腐…1塊（200g）
高麗菜…1/2顆
韭菜…1束
大蒜…1瓣
紅辣椒…1根
A ┌ 高湯…4杯
  │ 味醂…1大匙
  └ 鹽…1/2大匙

作法
1 將熱水淋在油豆腐上，縱
切成兩半之後再切成厚1cm的
片狀。高麗菜切大塊，韭菜切
成5～6cm的長度。大蒜切薄
片，辣椒去籽切成辣椒圈。
2 在鍋內放入 A 與 1 的大蒜
和辣椒，再放入油豆腐，開
火，待水滾後再加入高麗菜與
韭菜，從煮熟的料開始食用。
（藤井）

■ 3.9mg
熱量 253kcal
鹽分 2.4g

■ 0.7mg
熱量 356kcal
鹽分 2.3g

美味拉麵

加入打散的蛋液，做成蛋花風味的拉麵也很好吃

作法
火鍋的料全部吃完後，放入燙過且
用水沖過的2球拉麵，煮滾後關火，
盛入碗中，再灑上少許白芝麻。

牛肉西洋菜
葡萄柚沙拉

蔬菜與水果的維生素C可以促進鐵質吸收

材料

薄切牛里脊肉…150g
西洋菜…1束
甜椒（紅）…1/2顆
葡萄柚…1/2顆（小顆）
鹽、胡椒…各少許
A ┌ 亞麻仁油（或橄欖油）
  │　　…2大匙
  │ 葡萄柚擠出的果汁
  │　　…1/2顆（小顆）（1/4杯）
  │ 鹽、胡椒…各少許
  └ 蜂蜜…1小匙

2.8mg

熱量 345kcal
鹽分 1.1g

作法

1　西洋菜切成5cm的長度，甜椒切薄片，確實去除水分。葡萄柚剝皮後取出果肉，將三樣材料一邊注意配色一邊擺盤。
2　牛肉切成5cm的長度，灑上鹽和胡椒後以不沾鍋煎熟，再放在 **1** 上，淋上混合後的 **A**。　　　　　　　　　　　　　　　　　（鯉江）

煎豬肉片佐莎莎醬

以香味蔬菜襯托維生素B₁含量豐富的豬肉

材料

豬里脊薄片…160g
大蒜（切薄片）…1瓣
蕃茄…1顆
洋蔥…1/2顆
青椒…1顆
A ┌ 檸檬汁…1大匙
  │ 巴西里（切碎末）…2大匙
  └ 鹽…1/3小匙
鹽、胡椒…各少許
麵粉…適量
橄欖油…1大匙
萵苣…2片
小黃瓜（斜切薄片）…1/2根的量

作法

1　在豬肉上劃幾刀，防止下鍋煎之後會收縮。灑上鹽和胡椒後裹上麵粉。
2　蕃茄切成1cm的塊狀，洋蔥與青椒切碎末，與 **A** 拌勻。
3　將橄欖油與大蒜放入平底鍋中加熱，待大蒜煎得變脆之後取出備用，將 **1** 放入鍋中將兩面煎熟。
4　將煎好的豬肉盛入盤中，灑上大蒜再淋上 **2**，並在旁邊擺上撕碎的萵苣及小黃瓜片。　　（鯉江）

1.5mg

熱量 264kcal
鹽分 1.4g

材料
雞胸肉…1片
波菜…100g
海苔（整片）…1片
起司片…1片
鹽、胡椒、麵粉…各少許
酒、沾麵醬汁（未稀釋）…各1大匙
太白粉水…2小匙
蕃茄…1顆

作法
1　將雞肉剖開，讓整塊肉厚度一致，灑上鹽和胡椒，裹上麵粉。菠菜煮好後擰乾水分。起司切半。
2　鋪好保鮮膜，將1的雞肉放上，再平均放上海苔、菠菜和起司，由靠近自己的那側開始捲，之後將保鮮膜的兩端確實扭轉固定，之後再以鋁箔紙捲起，一樣將兩側扭轉固定。
3　將2放入已經開始冒蒸氣的蒸籠蒸20分鐘左右，之後切成適當的大小。
4　將留在蒸籠內的湯汁與酒、沾麵醬汁一起倒入鍋中，待沸騰後再加入太白粉水勾芡。
5　將3與切成薄片的蕃茄擺盤，再淋上4的醬汁。
（大越）

雞肉菠菜捲
濕潤多汁的雞胸肉令人感動！

2

防貧血

1.8mg
熱量 301kcal
鹽分 1.7g

煎牛菲力
佐蠶豆春菊
以含豐富血基質鐵的牛肉做成的一品料理

3.2mg
熱量 225kcal
鹽分 0.8g

材料
牛菲力…150g
蠶豆（冷凍）…10顆
春菊（茼蒿）…1/2束
大蒜…2瓣
鹽、胡椒…各適量
山葵、巴沙米可醋（或檸檬汁）
　…各適量
橄欖油…2小匙

作法
1　將蠶豆放入耐熱容器中，簡單蓋上保鮮膜後以微波爐加熱20秒左右，去皮。春菊切成5cm的長度。大蒜切薄片。牛肉以鹽和胡椒調味。
2　將橄欖油與大蒜放入平底鍋中加熱，待大蒜變色後即取出，油倒入小碗中備用。
3　將2的油倒一點回平底鍋加熱，將牛肉煎至兩面變色後，切成5mm厚的片狀。
4　擦乾淨平底鍋，將剩下的油倒入鍋中，煎炒蠶豆與春菊，以鹽和胡椒調味。
5　將3盛入盤中，滴上巴沙米可醋、放上山葵，於牛肉上擺上4，灑上2的蒜片。
（祐成）

	2.0mg
熱量	**381**kcal
鹽分	**1.6**g

	2.7mg
熱量	**229**kcal
鹽分	**1.9**g

味噌蕃茄煮鯖魚

連鯖魚的血合肉部分也一起吃來獲取鐵質

材料
鯖魚…2片（200g）
蕃茄…2顆
大蒜…1瓣
鹽、胡椒…各少許
A ┌ 酒…2大匙
　└ 水…1/2杯
B ┌ 味噌、味醂
　└ …各2大匙
橄欖油…1大匙

作法
1　鯖魚灑上鹽和胡椒後靜置10分鐘左右，以廚房紙巾吸乾水分，在魚皮那面劃出斜斜的切痕。蕃茄切成1～2cm的塊狀，大蒜切末。
2　將橄欖油倒入平底鍋中加熱，將鯖魚的魚皮那面向下放入鍋中煎，待上色後翻面，加入大蒜、蕃茄和**A**。
3　煮滾後加入**B**，不蓋蓋子以中火煮約10分鐘左右。之後盛盤，如果有的話，加上平葉巴西里裝飾。
（鯉江）

蕃茄煮凍豆腐與蝦

凍豆腐的鐵含量在大豆製品中絕對是排第一

材料
凍豆腐…2個（40g）
剝殼的蝦…150g
蕃茄罐頭…1/2罐（200g）
大蒜…1瓣
薑…1個指節的大小
高湯…1/2杯
砂糖…1小匙
醬油（減鹽）…2小匙
豆瓣醬、胡椒…各少許
橄欖油…1小匙

作法
1　將凍豆腐浸泡在大量的水中使之恢復原狀，之後吸取多餘的水分，以手撕成一口大的大小。大蒜、薑切成碎末。
2　將橄欖油倒入平底鍋中加熱，再放入豆瓣醬、大蒜和薑炒過，再放入凍豆腐和蝦子翻炒。
3　加入蕃茄和高湯，以砂糖、醬油和胡椒調味後，蓋上蓋子以有點弱的中火煮約20分鐘，讓醬汁入味。
（祐成）

■ 1.4mg

熱量	194kcal
鹽分	1.0g

■ 2.2mg

熱量	172kcal
鹽分	0.4g

旨煮干貝
青花菜

與白飯很搭，中華風的芡汁是絕品

材料
干貝（生食用）
　…150g
青花菜…1/2棵
鵪鶉蛋…5～6顆
長蔥…10cm的長度
大蒜…1瓣
薑…1個指節的大小
A ┌ 雞湯粉…1小匙
　│ 紹興酒…1大匙
　│ 砂糖…1/2小匙
　└ 水…1/2杯
太白粉…2小匙
芝麻油…1/2大匙

作法
1　將青花菜分成小朵，莖切掉靠下方較硬的部位後切滾刀塊。鵪鶉蛋煮熟。
2　蔥縱切後再斜切，大蒜與薑切薄片。
3　將 2 與芝麻油放入鍋中，開火。炒香後放入青花菜的莖，再加入混合後的 A。煮滾之後再加入青花菜，蓋上蓋子煮1～2分鐘。
4　擦乾干貝的水分，裹上太白粉後與鵪鶉蛋一起加入 3，煮1～2分鐘後起鍋盛盤。　　（Horie）

芥末籽醬
美奶滋烤鰹魚

讓生魚片用的鰹魚變身為份量足夠的一道菜

材料
鰹魚（生魚片用）
　…1塊（200g）
A ┌ 美奶滋…1大匙
　│ 芥末籽醬…2小匙
　│ 大蒜（磨成泥）…少許
　│ 巴西里（切碎末）
　│ 　…2小匙
　│ 醃新生薑或紅薑
　└ 　（切碎末）…1大匙
胡椒…少許
細蔥（切蔥花）…3大匙

作法
1　鰹魚切成1cm厚的片狀，灑上胡椒，抹上混合後的 A，以烤魚器烤約8分鐘直到表面變乾。（如果是只能烤單面的烤魚器，在一面烤到上色之後翻面，塗上 A 之後再繼續烤）。
2　盛盤後灑上滿滿的細蔥。　　（祐成）

調整**腸內環境**預防便祕

由於荷爾蒙平衡的變化或是因為變大的子宮壓迫到腸子的緣故，有許多孕婦都有便祕的經驗。以飲食和適度的運動做好對付便祕的萬全準備吧！

Keyword

膳食纖維

1日的建議攝取量為**18**g以上

**可以讓腸子變乾淨，
對改善便祕很有幫助！**

膳食纖維具有促進腸子蠕動、成為腸內益菌的食物、以及吸附老廢物質將它們排出體外等各式各樣的功能。此外，纖維質可以讓人增加「咀嚼」的次數，也有預防吃太多，減少腸子負擔的效果。但是如果攝取過多，有可能會妨害鐵質或鈣質的吸收，這點需要特別注意。

含有多量膳食纖維的食材排行榜

※排行不是依照100g中所含有的量，而是以一次的使用量為基準。

排名	食材	用量	含量
第1名	酪梨	1/2顆	3.7g
第2名	納豆	1盒	3.4g
第3名	牛蒡	1/3根	3.4g
第4名	杏鮑菇	50g	2.2g
第5名	白蘿蔔絲	10g	2.1g
第6名	鴻喜菇	50g	1.9g
第7名	裙帶菜	5g	1.8g
第8名	香蕉	1根	1.3g
第9名	羊栖菜	3g	1.3g

預防便祕的 **3** 個重點

水溶性膳食纖維是？

在水果、海藻、蒟蒻裡的含量很豐富。除了可以成為腸內益菌的養分之外，對於讓糞便變得柔軟、解除便祕很有幫助。此外還能防止血糖值的上升、抑制膽固醇的吸收等，因為對糖尿病等生活習慣病的預防效果而受到矚目。

非水溶性膳食纖維是？

在蔬菜、菇類和雜糧等的含量很豐富。含有水分，可以讓糞便的體積增加，促進腸道蠕動。但是如果食用過量的雜糧米或糙米、穀類的話，蠕動可能因此而過於敏感，反而會使便祕的情況惡化，一定要注意。

1 攝取含有豐富纖維的食材

在讓腸內環境變好、排便順暢這兩件事上不可或缺的膳食纖維，於蔬菜、豆類、菇類、海藻和水果中都有豐富的含量。水溶性膳食纖維與非水溶性膳食纖維各有不同的功能，記得要均衡攝取。

2 以未精製的米等食材補充鎂

鎂這種礦物質普遍被作為便祕藥成分，它可以與鈣質一起促進肌肉收縮和腸子的蠕動。由於在懷孕中很容易發生鎂不足的情況，所以就從未精製的米或魚類、海藻、大豆製品等食材中積極的攝取吧。

3 以發酵食品與好油打造良好的腸內環境

味噌、納豆、泡菜、優格等發酵食品，具有可以增加腸內益菌，調整腸內環境的功能，對於解決便祕問題和提升免疫力都很有效果。此外，好油也可以幫助腸子活動，讓糞便變得柔滑，更容易排出。

春季蔬菜與油漬沙丁魚義大利麵

以膳食纖維及油的效果打造乾淨的腸內環境

熱量 535kcal
鹽分 0.4g

材料
義大利麵…150g
綠蘆筍…2根
荷蘭豆…5個
春季高麗菜…2片
油漬沙丁魚（罐頭）…3尾
A 橄欖油…1大匙
紅辣椒（切半去籽）
…1根
大蒜（切碎末）…1瓣
鹽、胡椒…各少許
檸檬（切半月型）…2塊

作法
1 蘆筍切掉根部，削掉下半部的皮之後斜切成5mm的厚度。高麗菜切成一口大的大小。
2 在鍋內倒入大量的水煮沸，加入少許鹽（不包含在食譜份量內），依照包裝上的說明將麵煮熟，在起鍋前1分鐘將1加入鍋中，之後一起撈起。
3 將A放入鍋中加熱，開始飄出香味後放入2、瀝乾油的油漬沙丁魚，灑上鹽和胡椒拌炒，盛盤後擺上檸檬。

（鯉江）

巴沙米可醋炒菇類

以滿滿菇類提升免疫力！

材料
香菇、蘑菇…各4朵
舞菇、鴻喜菇…各40g
杏鮑菇…1/2盒
巴沙米可醋…1大匙
天然鹽…1/8小匙
胡椒…少許
冷壓初榨橄欖油
…1大匙

作法
1 香菇去蒂後切成薄片，杏鮑菇切成四等分後再切成一半的長度，舞菇切薄片，鴻喜菇分成小塊。
2 將橄欖油放入平底鍋中以中火加熱，依序放入香菇、杏鮑菇、蘑菇、舞菇、鴻喜菇炒熟。
3 炒到變軟之後灑上鹽和胡椒，淋上巴沙米可醋後再大略翻炒一下，盛盤。如果有的話，放上平葉巴西里。

（村岡）

熱量 79kcal
鹽分 0.3g

根莖類蔬菜肉醬義大利麵

以根莖類蔬菜的美味完成絕品義大利麵

材料

義大利麵…160g
混合絞肉…200g
牛蒡…10cm的長度
蓮藕…5cm的長度
紅蘿蔔…1/3根
A ┌ 洋蔥（切粗末）…1/2顆
  │ 大蒜（切碎末）…1瓣
  │ 薑（切碎末）
  └ …1個指節的長度
蕃茄罐頭…1罐（400g）
B ┌ 蕃茄醬…3大匙
  └ 酒…2大匙
Pizza用起司
  …1大匙
  （或切片起司1片）
鹽、胡椒、肉荳蔻
  （如果有的話）…少許
橄欖油…適量

作法

1　在鍋內倒入大量的水煮沸，加入少許鹽（不包含在食譜份量內），比包裝上所寫的時間早1分鐘將麵撈起。牛蒡、蓮藕、紅蘿蔔切成1cm的塊狀，牛蒡和蓮藕浸泡10分鐘的冷水後撈起。

2　將橄欖油與A放入平底鍋中以小火翻炒，炒出香味後放入絞肉，將肉炒至變色為止，確實炒熟。

3　加入1的蔬菜炒4～5分鐘，一邊加入蕃茄一邊將蕃茄壓碎，再加入B與1杯水，煮15～20分鐘將水分收乾。以鹽、胡椒和肉荳蔻調味。

4　將煮好的義大利麵與Pizza用的起司拌勻，盛盤，依喜好灑上起司粉。　　（井澤）

熱量	719kcal
鹽分	2.8g

熱量	53kcal
鹽分	0.3g

醃漬菇類與豆類

淡淡的酸味很容易入口！

材料

鴻喜菇、舞菇、杏鮑菇
  …各1盒
混合豆類（水煮）
  …1/2盒
大蒜（切碎末）…1瓣
A ┌ 醋…3/4杯
  │ 橄欖油…1/4杯
  │ 紅糖…1大匙
  │ 鹽…1小匙
  │ 迷迭香…1枝
  └ 顆粒黑胡椒…10粒

作法

1　鴻喜菇、舞菇分成小塊，杏鮑菇切成薄片。

2　燙過之後撈起瀝乾。

3　在大碗裡將A混合後，放進2、大蒜、混合豆類醃漬。（鯉江）

●雖然馬上就吃也可以，但是放置1小時以上之後，醃料的味道會變得圓潤，會比較好吃。

豬肉泡菜&納豆丼

以兩樣發酵食品增加好菌的數量

材料
豬里脊薄片…100g
納豆…1盒
白菜泡菜（切大塊）…80g
溫泉蛋…2顆
醬油…1/2小匙
蠔油…1小匙
萵苣（切絲）…2片
熱的雜糧飯…2碗的量
細蔥（切蔥花）、柴魚片
　…各適量

作法
1　豬里脊切成一口大的大小，
納豆加入醬油拌勻。
2　將不沾鍋的平底鍋加熱後把
豬肉炒熟，再加入泡菜拌炒，加
入蠔油調味。
3　將飯盛入容器中，鋪上萵苣
絲，放上2與納豆，再打上溫泉
蛋。最後灑上細蔥與柴魚片。
　　　　　　　　　　　（鯉江）

熱量　412kcal
鹽分　1.6g

熱量　40kcal
鹽分　1.6g

浸煮蛤蜊、西洋菜與韭菜

以三種香氣濃郁的食材在口中演奏出協奏曲

材料
蛤蜊（已吐砂）…10顆
西洋菜…1/2束
韭菜…1/2束
酒…3大匙
醬油…1大匙

作法
1　在小鍋中放入蛤蜊與1/2杯水、酒加熱，
煮到蛤蜊開口後取出蛤蜊，在煮汁中加入醬
油。
2　在1的鍋裡依照西洋菜、韭菜的順序將蔬
菜放入鍋中，再將蛤蜊放回，很快的煮過後
盛盤。依喜好可以放上薑絲。　　　（井澤）

竹筍豌豆
和風義大利麵

使用水煮竹筍的話，
準備起來就很方便！

材料
義大利麵…130g
豌豆…100g
竹筍（水煮）…100g
金針菇…1袋（大）
培根…2片
大蒜…1瓣
橄欖油…1大匙
A﹇醬油、味醂…各1小匙

熱量 442kcal
鹽分 1.5g

作法
1 豌豆去粗筋，很快的以鹽水燙過後分成兩半。
2 竹筍切成一口大小的薄片，以放入少許酒和鹽（不包含在食譜份量內）的熱水很快的煮過。
3 將金針菇分散。培根切細條，大蒜切薄片。
4 在平底鍋中放入橄欖油、大蒜和培根，以小火翻炒。再加入竹筍炒一下，均勻淋上 A 之後關火。
5 在鍋中放水，煮沸後加入少許鹽（不包含在食譜份量內），將義大利麵依照包裝上的說明煮熟。在起鍋前2分鐘加入金針菇，之後一起撈起，瀝乾水分。與1一起加入4裡，以大火拌炒。
（館野）

裙帶菜萵苣沙拉

將膳食纖維優等生的搭檔做成滋味清爽的沙拉

熱量 55kcal
鹽分 1.1g

材料
裙帶菜（鹽漬）…20g
萵苣…1/4顆
A﹇白酒醋（或釀造醋）
　　…1大匙
　蜂蜜…1小匙
　鹽…1/3小匙
　橄欖油…2小匙

作法
1 將裙帶菜以大量的水洗過，切成容易入口的大小。
2 將萵苣浸入冷水中使口感變清脆，擦乾水分後切成容易入口的大小。
3 將1與2放入容器中，再淋上A。
（渡邊）

熱量 **411kcal**
鹽分 **2.1g**

鮭魚大豆梅子奶油飯
加入大量鮭魚的菜飯

材料
（容易製作的份量）
米…360ml（2合）
甘鹽鮭…2片
酒…少許
A┌醬油、味醂
　└…各1小匙
煮大豆…100g
減鹽的梅乾…2顆
奶油…1大匙

註：甘鹽鮭，以一點鹽醃
過的鮭魚。

作法
1 將鮭魚切成一口大的大小，沾上酒。
2 將米洗好放入電子鍋內，將水加至刻度2，靜置30分鐘讓米吸飽水，再加入A拌勻。
3 將1、大豆、奶油和切細的梅乾放在2上，照一般的方法將米煮熟。
4 將煮好的飯盛入碗中後灑上切成蔥花的細蔥。
（館野）

熱量 **163kcal**
鹽分 **1.0g**

山芋泥白身魚湯
山芋所含的酵素與澱粉酶可以幫助消化

材料
白身魚
（鯛魚之類）
　…2片（100g）
山芋…100g
高湯…1又1/2杯
薄口醬油
　…1/2小匙
天然鹽…1/8匙
鴨兒芹…適量

作法
1 鹽（不包含在食譜份量內）灑在魚肉上，以熱過的網子烤熟。
2 將山芋磨成泥後加入少許鹽（不包含在食譜份量內）。
3 在鍋內加入高湯加熱，以醬油和鹽調味。
4 將2放入碗中，放上1後再倒入3，最後放上滿滿的鴨兒芹。
（村岡）

紅蘿蔔
鱈魚子沙拉

紅蘿蔔的維生素A
具有美肌與預防感冒的效果！

材料

紅蘿蔔…1根
鱈魚子
　…1/2塊（小）（30g）
美奶滋…1又1/2大匙

作法

1　用削皮刀將紅蘿蔔削成長條薄片，放入耐熱容器中，蓋上保鮮膜，以微波爐加熱約1分鐘左右。鱈魚子切成5mm的片狀之後將內容物取出。

2　瀝乾紅蘿蔔所出的水之後，加入鱈魚子和美奶滋拌勻即可。

（中村）

熱量 106kcal
纖分 0.9g

熱量 355kcal
纖分 4.2g

蓮藕肉丸

蓮藕清脆的口感
是令人驚喜的亮點

材料

豬絞肉…200g
蓮藕…1節（小）（100g）
杏鮑菇…2根（100g）
春菊（茼蒿）的葉子…30g

A｜長蔥（切碎末）
　　…1/4根
　鹽…1/3小匙
　酒…1大匙
　芝麻油…1小匙

B｜苦椒醬、砂糖
　　…各1大匙
　醬油…1又1/2大匙
　雞湯粉、大蒜（磨碎）
　　…各1/2小匙

作法

1　將蓮藕的2/3磨碎，剩下的1/3切成5mm的小塊，杏鮑菇縱切成4等分。

2　將絞肉、1磨碎的蓮藕和A仔細混合到產生黏性，再加入剩下的蓮藕，繼續混合。

3　在鍋裡加入B和1又1/2杯水煮滾，將2捏成一口大小的丸子後放入鍋中以中火煮5分鐘。放入杏鮑菇之後再煮5分鐘。

4　盛盤，在旁邊擺上春菊。

（中村）

熱量 151kcal
鹽分 0.8g

熱量 185kcal
鹽分 0.8g

醃泡青花菜、
紅蘿蔔與蕃薯

可以攝取大量蔬菜，
清爽的滋味也很棒

材料

青花菜…1/4棵
紅蘿蔔…1/2根
蕃薯…1/2個
A 「檸檬汁…2小匙
　 橄欖油、蜂蜜
　 　…各1小匙
　 鹽、胡椒…各適量
鹽、橄欖油…各少許
烤杏仁片…1大匙

作法

1 青花菜去莖後切成小
朵。紅蘿蔔與蕃薯切滾刀
塊，蕃薯泡水。
2 在鍋裡放入大量的
水，將紅蘿蔔、蕃薯、橄
欖油和鹽放入後開火，在
中途放入青花菜，從煮軟
的食材開始撈起。
3 將2放入大碗中，加
上A拌勻，盛入器皿後再
灑上杏仁片。　（祐成）

波菜豆子
法式鹹派

不用開火就能完成的
咖啡店風料理

材料

菠菜…2棵
綜合豆類…4大匙
Pizza用起司…2大匙
A 「打散的蛋…1顆的量
　 牛奶…1/2杯
麵粉…1小匙
鹽…1小撮
胡椒…適量
肉荳蔻…少許
橄欖油…適量
生火腿…2片
巴西里（切碎末）…適量

作法

1 將麵粉過篩後放入大碗中，一邊將
混合後的A一點一點慢慢加入，一邊
攪拌，加入鹽、胡椒和肉荳蔻再繼續
攪拌。
2 用保鮮膜將菠菜包住後放入微波爐
加熱1分鐘左右，切成容易入口的大
小。
3 在耐熱容器裡塗上薄薄一層橄欖
油，將1倒入，再放入2和混合豆
類，灑上起司後以烤箱烤8分鐘左右。
4 在上面放上生火腿，灑上巴西里。
　（祐成）

高湯煮裙帶菜
雞肉丸與蜂斗菜

滿滿的裙帶菜！ 通過喉嚨時會感覺爽快的肉丸子

材料

雞胸肉絞肉…200g
蜂斗菜…4～5根
生裙帶菜…40g
打散的蛋…1顆的量
A ┌ 麵粉、酒、味醂
　 │ 　…各2小匙
　 └ 醬油…1小匙
B ┌ 高湯…2杯
　 │ 酒、味醂
　 │ 　…各2大匙
　 │ 醬油…1大匙
　 └ 鹽…少許

作法

1 將蜂斗菜切成可以放入鍋中的長度，放在砧板上灑少許鹽（不包含在食譜份量內）後在砧板上滾動搓揉。

2 在鍋中放入大量的水加熱，將 **1** 放入後煮2～3分鐘，之後以流動的清水清洗降溫，放涼後去掉粗筋，切成4～5cm的長度。

3 將裙帶菜洗過之後切成大塊。

4 將絞肉、蛋、**A** 和 **3** 放入大碗中仔細揉捏攪拌。

5 把 **B** 倒入鍋中煮沸，用湯匙將 **4** 挖成一顆顆圓型的丸子放入鍋中煮5～6分鐘。時時撈起產生的浮渣。

6 加入 **2** 再煮一下後關火，靜置10分鐘以上使之入味。　　（館野）

熱量 278kcal
鎂分 4.4g

豆子與小芋頭中式稀飯

用鎂含量豐富的糙米做成的溫和稀飯

熱量 292kcal
鎂分 1.5g

材料

發芽糙米…4大匙
小芋頭…2顆
混合豆類…100g
蝦米…1大匙
雞骨高湯…8杯
　（或是雞湯粉2又2/1小匙
　加8杯水也可以）
白芝麻…4小匙
鹽、香菜…各適量

作法

1 在厚實的鍋裡放入發芽糙米、蝦米和雞骨高湯後開火，煮滾之後轉成較弱的中火，煮到米變軟為止，大約煮1小時左右。

2 小芋頭連皮對半切開，以保鮮膜包住後用微波爐加熱3分鐘左右，去皮灑上芝麻和鹽。

3 在已關火的 **1** 裡加入壓碎的混合豆類拌勻。盛入碗中後放上 **2** 與香菜。　　　　　　　（祐成）

酪梨海鮮焗烤

用富含非水溶性膳食纖維的
酪梨作為容器

材料
酪梨⋯1顆
蝦子⋯10隻
蛤蜊（已吐砂）⋯6顆
Pizza用起司⋯3大匙
鮮奶油⋯2小匙
鹽、胡椒⋯各少許

作法
1 酪梨對半切開，去掉種子。蝦
子與蛤蜊用鹽水煮過後去殼，灑
上鹽和胡椒，放在酪梨上。
2 淋上鮮奶油，放上起司，以預
熱過的烤箱烤到上色，大約5～6
分鐘。　　　　　　　（井澤）

熱量	275kcal
鹽分	1.3g

熱量	248kcal
鹽分	0.7g

滿滿蔬菜！
排毒湯

從各種蔬菜中同時品嘗到
美味並攝取膳食纖維

材料（容易製作的
份量・4人份）
A 高麗菜⋯1/4顆
　洋蔥⋯1顆
　芹菜⋯1/2根
　紅蘿蔔⋯1/2根
　四季豆⋯3根
　蕃茄⋯2顆
　鴻喜菇⋯1/2盒
大蒜（切碎末）⋯1瓣
法式高湯粉⋯2小匙
鹽、胡椒⋯各適量
薑（磨碎）⋯1大匙
橄欖油⋯2大匙

作法
1 將A全部切成1cm
的塊狀。
2 將1、大蒜、3杯
水和高湯粉放入鍋中
煮滾，再以小火煮20
分鐘。以鹽、胡椒調
味後盛入器皿中，放
上薑末，再均勻淋上
橄欖油。　（鯉江）

●由於份量較多，吃不完的
話可以做成義大利湯麵或
燉飯。

熱量 109kcal
鹽分 1.5g

柳橙優格沙拉
乳酸菌的作用可以調整腸內環境

材料
柳橙…1顆
A 原味優格…1/2杯
蜂蜜…1大匙
鹽…1/2小匙
橄欖油…1小匙

作法
將柳橙剝皮，切成容易入口的大小，與 A 拌勻即可。

法式烘餅風鮭魚
用煎得香脆的馬鈴薯包裹軟嫩的鮭魚

材料
鮭魚…2塊
馬鈴薯…2顆
鹽、胡椒…各適量
麵粉…2～3大匙
橄欖油…2大匙
半結球萵苣…4片
芽菜…1盒

作法
1 鮭魚切半，灑上鹽和胡椒後靜置10分左右，之後以廚房紙巾將水分擦乾。馬鈴薯切絲，裹上麵粉後黏在鮭魚的兩面上。
2 讓橄欖油平均分佈在平底鍋上後，將 1 排好加熱，蓋上鍋子以小火煮5分鐘。拿起蓋子後把火轉大，將兩面煎到變脆之後起鍋，在旁邊擺上半結球萵苣和芽菜。 （鯉江）

熱量 448kcal
鹽分 2.9g

滿滿膳食纖維！
推薦套餐

蕃薯堅果
佐蜂蜜醬
也可以當作肚子有點餓時的小點心

材料
蕃薯…1/2個
混合堅果…2大匙
A 蜂蜜…2大匙
水…1小匙
鹽…1小撮
橄欖油…1大匙

作法
1 蕃薯以滾刀刀法切成一口大的大小，浸泡在水中。堅果放入塑膠袋，以桿麵棒之類的工具大致敲碎。
2 將橄欖油倒入平底鍋中加熱，蕃薯瀝乾水分後也放入鍋中，蓋上鍋蓋用小火悶煮約10分鐘左右。
3 煮到變軟之後再加入堅果稍微煎一下，之後加入 A 繼續煮，讓蕃薯與堅果都裹上醬汁。 （鯉江）

熱量 274kcal
鹽分 0.1g

鹽麴煮豬肉根莖類蔬菜

以屬於發酵食品的鹽麴＆滿滿的
根莖類蔬菜解決便祕問題

材料
豬肩里脊肉塊…250g
白蘿蔔…200g
牛蒡…1根（80g）
分蔥…1根
帶皮的薑（切薄片）…4片
鹽麴…70g
酒…2大匙

作法
1 豬肉切成3cm的塊狀，放入
塑膠袋中，加入鹽麴後隔著塑
膠袋搓揉，在冰箱放一個晚
上。蘿蔔切滾刀塊，牛蒡以桿
麵棒之類的工具敲過後切成
3〜4cm的長度。分蔥斜切成
薄片。
2 將豬肉連汁水一起倒入厚
實的鍋子內，再放入白蘿蔔、
牛蒡、薑、酒與2又1/4杯水，
以中火加熱。煮滾後撈去浮
渣，蓋上鍋蓋以小火煮約30分
鐘。
3 盛盤，在旁邊擺上分蔥。
（中村）

熱量 424kcal
鹽分 3.5g

熱量 124kcal
鹽分 0.9g

炸蔬菜佐裙帶菜根醬

使用煎炸的作法引出蔬菜的美味

材料
南瓜…80g
四季豆…6根
秋葵…6根
裙帶菜根…70g
薑…2個指節的長度
A ┌ 米醋、醬油（減鹽）
  │ …各1大匙
  └ 砂糖…1小匙
油…適量

作法
1 南瓜連皮切成5mm的薄片，薑切
細絲。
2 將裙帶菜根切細，與一半的薑和
A拌勻。
3 在平底鍋裡放入比平常用量更多
的油加熱，用半煎半炸的方式處理
好南瓜、四季豆和秋葵。四季豆切
半，秋葵斜切切半。
4 擺盤，將2的醬汁淋在南瓜上，
把剩下的薑絲擺在秋葵上。

（祐成）

秋葵煮油豆腐

黏液的成分·黏液素對便祕很有效

材料

秋葵…4根
油豆腐…1塊（小）
鹽…少許

A
高湯…1杯
酒…2大匙
味醂…1大匙
醬油…3/4大匙
紅糖…1小匙

作法

1　以鹽搓揉秋葵，去除絨毛與灰質後，切掉蒂，拿掉莢的部分，以熱水煮1～2分鐘。稍微放涼後從中間切成兩段。

2　油豆腐過水去油後，切成一口大的大小。

3　在鍋中將 A 加熱煮滾後，放入 2 煮3～4分鐘，再放入 1，再次加熱至沸騰即可。　　　　　　　　　（鯉江）

153kcal
1.0g

檸檬芝麻涼拌芹菜涮豬肉片

以80度左右的溫度燙熟豬肉是這道菜的祕訣

材料

芹菜…1根
薄切豬腿肉（涮涮鍋用）
　…150克

A
檸檬汁…1大匙
白芝麻…略多於1大匙
砂糖、醬油…各1小匙
橄欖油…1/2小匙

檸檬片（1/4切）…少許
芹菜葉（裝飾用）…少許
酒、鹽、砂糖…各少許

作法

1　芹菜斜切成1公分厚。

2　在熱水中加入酒、鹽、砂糖，將 1 煮10秒左右後，瀝乾水分放涼。

3　將 2 的熱水再加熱，在快沸騰時將豬肉一片片下鍋燙熟，之後放入冷水中，涼了之後立刻以廚房紙巾吸乾水分，切成容易入口的大小。

4　將 A、2、3 拌勻後盛盤，以芹菜葉和檸檬裝飾。　　　（館野）

172kcal
0.6g

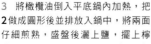

用小菜促進
腸道環保！

241kcal
0.9g

119kcal
0.3g

炸綜合菇

下酒菜風的酥脆新口感

材料

菇類（鴻喜菇、舞菇等）
　…100克

A
麵粉…2大匙
太白粉、水
　…各1大匙

橄欖油…1大匙
鹽…少許
檸檬（切半月形）…2塊

作法

1　將菇類撕開後裝入厚塑膠袋中，以桿麵棒將之壓扁。

2　加入 A 後將全體混合均勻。

3　將橄欖油倒入平底鍋內加熱，把 2 做成圓形後並排放入鍋中，將兩面仔細煎熟，盛盤後灑上鹽，擺上檸檬。　　　　　　　　　　（鯉江）

自製茅屋起司拌春野菜

和任何蔬菜都很搭的茅屋起司

材料

綠蘆筍…4～5根
蠶豆（去豆莢）
　…100克
牛奶…2又1/2杯
醋…2大匙
鹽…1小撮

作法

1　將蘆筍根部較硬的皮以削皮刀削掉，以鹽水快速燙過後斜切成1公分的厚度。

2　在蠶豆黑色部分淺淺劃一刀，以鹽水快速燙過後放涼，去除薄皮。

3　將牛奶倒入耐熱容器中，以微波爐加熱6～7分鐘，加熱至快要沸騰的程度後，加入醋、鹽加以攪拌，起司與牛奶分離的話就用鋪了廚房紙巾的篩子加以過濾。

4　加入 1、2 大致拌一下後，依喜好也可以灑上少許胡椒。　　　（館野）

煎白蘿蔔排

以高湯燉煮的西式風味相當嶄新

材料
白蘿蔔…10cm的長度
鴻喜菇…1盒
法式高湯粉…1小匙
醬油…1小匙
Pizza用起司…2大匙
青海苔粉…少許
橄欖油…1小匙

作法
1 白蘿蔔切成2.5cm厚的厚片放入鍋中，加入水，讓材料略高於水位，加入高湯粉，蓋上落蓋後煮至白蘿蔔變軟。
2 將橄欖油倒入平底鍋中加熱，將1、分成小塊的鴻喜菇煎過，以醬油調味。在白蘿蔔上放上起司後蓋上鍋蓋，待起司融化後灑上海苔粉。　　（鯉江）

牛蒡豬肉燒

越咬肉汁越會湧出

材料
豬絞肉…150g
牛蒡…150g
黑芝麻…1大匙
A ┌ 酒、太白粉…各1大匙
　│ 砂糖、味噌…各1小匙
　│ 薑（切碎末）
　└ 　…1個指節的大小
B ┌ 味醂…2大匙
　└ 醬油…1小匙
油…1大匙

作法
1 將牛蒡用削皮刀削成長條狀。（削下的牛蒡不浸水也可以）
2 將絞肉與A混合，再加上芝麻與1後繼續攪拌，之後做成一口大小的橢圓形。
3 油放入平底鍋中加熱，將2的兩面慢慢煎熟，再加入B繼續煮，讓肉丸沾上醬汁。
4 盛盤，如果有的話，灑上切成蔥花的細蔥。　　（Horie）

熱量 93kcal
鹽分 1.4g

熱量 326kcal
鹽分 1.3g

熱量 129kcal
鹽分 2.8g

熱量 106kcal
鹽分 1.6g

蒟蒻排佐蔥醬

以酸酸的鹽味檸檬醬來恢復元氣！

材料
蒟蒻…1塊
長蔥…1/2根
A ┌ 芝麻油、檸檬汁
　│ 　…各1大匙
　└ 鹽…1/2小匙
B ┌ 酒、醬油、紅糖
　└ 　…各1大匙
芝麻油…1/2大匙

作法
1 將蔥切碎，與A混合。
2 蒟蒻以熱水煮2～3分鐘，切成5mm的塊狀後再用刀在表面上刻出格子狀的花紋。
3 將芝麻油倒入平底鍋中加熱，把2下鍋煎過，以B調味。盛盤後淋上1，依喜好可以灑上一味唐辛子。　　（鯉江）

甘醋漬蓮藕

使用塑膠袋醃漬的話，只用一點調味料也OK

材料
蓮藕…1節（250g）
A ┌ 醋…3大匙
　│ 砂糖…1大匙
　│ 鹽…1/2小匙
　│ 紅辣椒（切碎）
　└ 　…1/2根

作法
1 蓮藕切薄片後浸水，之後再撈起，瀝乾水分。
2 在熱水中放入1小匙醋（不包含在食譜份量內），將1放進鍋中很快煮過。
3 將A倒入塑膠袋中混合，趁2還熱著的時候放入袋中，將空氣擠出後靜置30分鐘以上。　　（鯉江）

安產
Recipe **4**

控制 鹽分 預防水腫

由於懷孕其間吃的東西會變多，如果沒有意識到「減鹽」這件事，很容易就會攝取過多的鹽分。
除了水腫之外，攝取過多鹽分也是造成妊娠高血壓症候群的原因之一，需要多加注意。

Keyword

減鹽

1天的基準為7.5g

**掌握減鹽調理的祕訣，
享受健康又美味的餐點**

如果用和懷孕之前一樣的感覺去做料理，攝取的熱量增加，吃進身體的鹽分也會變成原先的1.5倍。確實的測量使用調味料的量，並且時時注意要讓味道「淡一點」吧。藉由讓高湯發揮它的味道、使用酸味或提味蔬菜等方法，即使不使用過多的鹽分也可以享受到美味的餐點。市面上所販賣的淋醬或加工食品等，鹽分含量都很高，所以要注意不要吃過量。

調味料所含鹽分基準

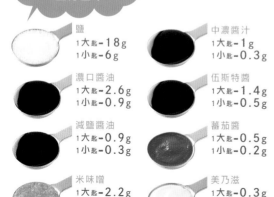

鹽
1大匙-18g
1小匙-6g

中濃醬汁
1大匙-1g
1小匙-0.3g

濃口醬油
1大匙-2.6g
1小匙-0.9g

伍斯特醬
1大匙-1.4g
1小匙-0.5g

減鹽醬油
1大匙-0.9g
1小匙-0.3g

蕃茄醬
1大匙-0.5g
1小匙-0.2g

米味噌
1大匙-2.2g
1小匙-0.7g

美乃滋
1大匙-0.3g
1小匙-0.1g

預防水腫的 **3** 個重點

1 即使吃的量變多，也要把減鹽這件事放在心上

在懷孕期間，雖然吃的量變多，但是一日的鹽分攝取量還是不變的。外食時盡可能選擇蔬菜較多的定食，麵類的話就將湯剩下來。在家自己做飯時，則可以使用只在表面上調味等方法，聰明減鹽。

2 攝取蔬菜、芋類、海藻、水果中的鉀

鉀有利尿的作用，可以藉此將多餘的鹽分與水分排出體外，在蔬菜、芋類、海藻、水果中的含量很豐富。由於使用燉煮、汆燙之類的調理法很容易讓鉀流失，以沙拉等方式直接生吃較能有效率的攝取。

以水果簡單補給鉀

從懷孕中期開始多補充水果的3point

能將多餘的鹽分排出體外的鉀，是預防水腫不可或缺的礦物質。水果是鉀珍貴的供給源，也有豐富的水分，這也是孕婦容易不足的。懷孕期間就選擇當季的水果多多食用吧！懷孕初期的攝取量為1日2Point，中期、後期與授乳期則以3Point為基準。（腎功能低下者請遵照醫生指示）

橘子
1顆

1 point 是

葡萄
1/2串

蘋果
1/2顆

香蕉
1根

奇異果
1顆

3 確實攝取形成肌肉的蛋白質

蛋白質不足的話會使肌力下降，血液循環變差，進而造成手腳冰冷或水腫。在一日三餐中都不可缺少肉、魚、大豆製品和乳製品等蛋白質，請務必均衡攝取吧。

薑味青花菜
蛋花湯

即使減鹽，就以薑的風味讓湯依然好喝

材料
青花菜…1棵（小）（150g）
雞蛋…1顆
薑汁…1大匙
A ┌ 雞湯粉…1小匙
　└ 酒…1大匙
鹽、胡椒…各少許
芝麻油…1/2小匙

作法
1　將青花菜分成小朵。
2　將芝麻油倒入鍋中加熱，把1很快的炒過，加入1又1/2杯水和A煮4～5分鐘。
3　以鹽和胡椒調味，將打散的蛋倒入，煮成軟嫩的蛋花。
4　關火，加入薑汁後再稍微攪拌。
（館野）

| 熱量 | 85kcal |
| 鹽分 | 1.1g |

嫩煎豬肉
佐春菊蘿蔔泥醬

配上滿滿的用小技巧做出的蘿蔔泥醬

材料
豬腿肉薄片…150g
A ┌ 酒、醬油、味醂…各1小匙
　└ 太白粉…1/2小匙
白蘿蔔…150g
春菊（茼蒿）…1/4束（50g）
珍菇（已調味，市售品）
　…2大匙
芝麻油…1小匙
小蕃茄…6顆

作法
1　豬肉切成3～4cm的長度，用A醃過。
2　很快的燙一下春菊，切碎後擰乾水分。
3　將白蘿蔔磨成泥，以篩子稍微瀝去水分，放入大碗後加入2和珍菇後拌一下。
4　將芝麻油倒入平底鍋中加熱，把1一條條放入鍋中，以中火將全體炒熟。在平底鍋的空位擺上小蕃茄，很快的煎一下。
5　將肉盛盤，在旁邊擺上3。
（館野）

| 熱量 | 204kcal |
| 鹽分 | 1.2g |

2
預
防
水
腫

香料充分發揮作用的
湯咖哩雞

在燉煮雞肉時煎好蔬菜，
同時兼顧料理的豐盛與營養均衡

熱量 **404kcal**
鹽分 **2.2g**

材料

雞腿肉…1塊
洋蔥…1顆（小）
南瓜…1/8顆
甜椒（紅）…1/2顆
茄子…1/2條
A ┌ 原味優格…4大匙
　 │ 大蒜（磨碎）…1瓣
　 │ 薑（磨碎）
　 │ 　…1個指節的大小
　 │ 咖哩粉…1小匙
　 └ 鹽、胡椒…各少許
橄欖油…1大匙
紅辣椒…1根
咖哩粉…1大匙
B ┌ 水…3杯
　 │ 法式高湯粉
　 └ 　…2小匙
鹽、胡椒…各少許
醬油…1小匙

作法

1 將 **A** 倒入塑膠袋中拌勻，將雞肉切成一口大的大小後放入袋中醃30分鐘左右。洋蔥切薄片，南瓜切成厚5mm的片狀。甜椒與茄子切成稍粗的棒狀。

2 將辣椒與一半的量的橄欖油倒入鍋中加熱，雞肉瀝乾後下鍋，煎至變色微焦。加入洋蔥與咖哩粉拌炒，再加入 **B** 煮15分鐘左右，之後以醬油、鹽、胡椒調味。

3 將剩下的橄欖油倒入平底鍋中加熱，將南瓜、茄子與甜椒煎熟。

4 將 **2** 盛入器皿，再放上 **3**。　　　　（鯉江）

熱量 **312kcal**
鹽分 **1.1g**

浸煮高麗菜 櫻花蝦

以櫻花蝦的香氣和高湯的
美味達到減鹽的目標

白菜蘋果沙拉

加上葡萄乾和核桃
來增添豐富的口感

材料
高麗菜…150g
櫻花蝦…1大匙
高湯…1杯
A 醬油、味醂、酒
　　…各1小匙

| 熱量 | 31kcal |
| 鹽分 | 0.6g |

材料
白菜…3片
蘋果…1/2顆
葡萄乾…30g
核桃…30g
A 亞麻仁油（或橄欖油）
　　…2大匙
　醋…1大匙
　紅糖…1小匙
　鹽…1小撮
　胡椒…少許

| 熱量 | 311kcal |
| 鹽分 | 0.6g |

作法
1　高麗菜切大塊。
2　將高湯與A倒入鍋中以中火加熱，放
入1與櫻花蝦很快的煮過。　　（牧野）

作法
1　白菜沿纖維切成長5cm的細絲，
灑上鹽後拌勻。蘋果連皮切成半月
形的薄片後稍微在鹽水（不包含在
食譜份量內）泡一下，之後瀝乾水
分。
2　在大碗中將A拌勻，白菜擰去水
分後加入碗中，再加入蘋果、葡萄
乾和核桃拌過。　　（鯉江）

玉米飯

連具有利尿效果的玉米鬚都用上

材料（容易製作的份量）
米…360ml（2合）
玉米
（連玉米鬚也用上）
　…1根
A 昆布
　　…5cm的長度
　鹽…1/2小匙
　薄口醬油…1小匙
　酒…1大匙

作法
1　米洗好後瀝乾水分。
2　用菜刀將玉米粒削下來，玉米
鬚去掉凸出表面較硬的部分後，將柔軟的
部分切碎。
3　將1放入電子鍋，加水直到刻度
2，將2、A、玉米芯一起放入，之後
照一般的方式將飯煮熟。
4　飯煮好後將玉米芯取出，把昆布切
成細絲後再加入飯中，之後將全體攪
拌均勻。　　（阪口）

暖心蛋汁燴豆腐

將來自香菇的美味
融入滿滿芡料的芡汁裡

材料

板豆腐…1塊（300g）

雞蛋…2顆

紅蘿蔔…5cm的長度

竹筍（水煮）…50g

A ⎡ 高湯…2杯
　 ⎣ 乾香菇（切薄片）…2朵

B ⎡ 醬油…1大匙
　 ｜ 味醂…2大匙
　 ⎣ 鹽…少許

薑（磨碎）…1個指節的大小

太白粉…1又1/2大匙

鴨兒芹…少許

作法

1　豆腐切成4等分，稍微瀝乾水分。紅蘿蔔、竹筍切絲。

2　將A倒入鍋中靜置5分鐘，開火煮滾，將B與1加入鍋中後煮5分鐘，將豆腐撈起，盛入容器中。

3　將以等量的水化開的太白粉加入鍋中剩下的煮汁內勾芡，倒入打散的蛋煮熟後淋在2上，再擺上薑末和鴨兒芹。　　　　（鯉江）

熱量 257kcal
鹽分 2.0g

紅豆飯

具有利尿作用的皂素對水腫很有效

材料
（容易製作的份量）

米…450ml
（2又1/2合）

綜合五穀雜糧
…3袋（小）（70g）

紅豆罐頭（水煮）
…1罐（230g）

黑芝麻、鹽…各少許

作法

1　米洗好後瀝乾水分。

2　將1、綜合五穀雜糧和紅豆罐頭連汁一起放入電子鍋中，加水直到刻度3後再加1/2杯水，照一般的方式將飯煮熟。

3　煮好後將全體拌勻，灑上芝麻與鹽。　　　（牧野）

熱量 240kcal
鹽分 0.4g

蝦仁
山苦瓜沙拉

以辣味＆夏季蔬菜
預防中暑

材料

蝦子…12尾（150g）
山苦瓜…1/2條（100g）
蕃茄…1顆（100g）
A┌ 醋…3大匙
 │ 芝麻油…1大匙
 └ 豆瓣醬、砂糖…各1/2小匙

作法

1 蝦子去殼後挑去腸泥，去掉尾部，在背上切一刀。蕃茄切成一口大的大小。
2 山苦瓜縱切切半，以湯匙去掉種子部分後斜切成4～5mm厚的薄片。以熱水煮1～2分鐘後放入冷水中冰鎮，之後瀝乾水分。
3 以同樣的熱水煮蝦子，煮熟後迅速撈起放入冰水中冷卻，之後瀝乾水分。
4 在大碗裡將 **A** 混合均勻，把 **2**、**3** 和蕃茄加入碗中拌過。　　　　　（檢見崎）

熱量	144kcal
鹽分	0.6g

熱量	304kcal
鹽分	0.9g

白蘿蔔咖哩烤蛋

以雞蛋和雞肉確實補充蛋白質

材料（可作兩個直徑10cm的烤盅的量）

白蘿蔔…4cm的長度（200g）
雞絞肉…150g
大蒜…1/2瓣
薑…1/2指節的大小
A┌ 雞蛋…2顆
 │ 牛奶…5大匙
 └ 鹽、胡椒…各少許
咖哩粉…1/2小匙
鹽、胡椒…各少許
酒…1小匙　　油…1/2大匙

作法

1 將白蘿蔔切成1cm的塊狀後煮熟，起鍋後瀝乾水分。大蒜和薑切碎末。
2 將油、大蒜和薑放入鍋中以中火加熱，飄出香味後再加入咖哩粉拌炒。
3 放入絞肉，灑上鹽和胡椒、淋上酒，炒熟後再放入 **1** 的白蘿蔔拌炒。
4 在耐熱容器裡放入 **3**，將攪拌均勻的 **A** 倒入。包上保鮮膜後以微波爐加熱4～5分鐘，依喜好擠上美奶滋、灑上巴西里。　　　　　（古口）

乾咖哩&
菠菜拌飯

不需燉煮、三兩下就能完成的快速咖哩

材料

豬瘦肉絞肉…150g
鷹嘴豆（水煮）…50g
洋蔥…1/4顆
咖哩粉、麵粉…各1小匙
A「蕃茄醬…4大匙
　└白酒、水…各2大匙
鹽…少許
橄欖油…1小匙
菠菜…50g
奶油…1/2小匙
熱飯…飯碗2碗的量

作法

1　洋蔥切成碎末。
2　將橄欖油倒入平底鍋中加熱，將1下鍋炒到變軟之後放入絞肉炒至散開，再放入咖哩粉與麵粉翻炒。
3　加入A和鷹嘴豆煮2～3分鐘，以鹽和胡椒調味。
4　將菠菜很快的燙過，略為放涼後切碎。將奶油放入平底鍋中加熱，放入菠菜翻炒，之後將之拌入熱飯裡。
5　將3和4盛盤。 　　（館野）

小松菜
豬肉炒大蒜

從不需事先燙過的小松菜攝取鉀

材料

小松菜…200g
豬腿肉薄片…50g
大蒜…1瓣
A「蠔油、酒
　└…各1小匙
酒、胡椒…各少許
鹽…適量
芝麻油…1/2大匙

作法

1　小松菜切成3～4cm的長度，豬肉切絲以鹽和酒醃過。大蒜切末。
2　將芝麻油倒入平底鍋中加熱，將豬肉放入，炒到變色後再放入大蒜小松菜翻炒。
3　待小松菜炒軟後，加入A再加以翻炒，以鹽和胡椒調味。 　　（牧野）

香炒白蘿蔔豬肉

要減鹽的話，以香草的香氣來轉移注意力也十分有效！

材料

白蘿蔔…5cm的長度（250g）
豬里脊肉…200g
甜椒（紅）…1/2顆
鼠尾草的葉子…5～6片（或迷迭香1枝）
大蒜（切薄片）…1/2瓣
酒…1大匙
鹽、粗磨黑胡椒…各適量
橄欖油…1大匙

作法

1 白蘿蔔切成1cm寬柱狀，甜椒切成1cm條狀。豬肉切成1cm厚，灑上鹽和胡椒。

2 將水倒入鍋中煮沸，加入少許鹽（不包含在食譜份量內），將白蘿蔔燙過後撈起，瀝乾水分。

3 將橄欖油倒入平底鍋中，將大蒜與鼠尾草放入鍋中以中火加熱，在飄出香味、葉子變脆後將鼠尾草取出。

4 將豬肉放入 **3**，炒到變色後加入白蘿蔔、甜椒與酒翻炒，待所有料都炒熟後，以鹽和胡椒調味。盛盤，以 **3** 的鼠尾草葉點綴裝飾。

（古口）

| 熱量 | 354kcal |
| 鹽分 | 0.6g |

優格拌杏子蕃薯

補充鐵質，也有大量膳食纖維

材料

蕃薯…160g
杏子乾…60g
松子…1大匙
A ┌ 原味優格
　　…2大匙
　　芥末籽醬
　　…1/2小匙
　　法式沙拉醬
　└ （市售）…2小匙
半結球萵苣…4片

作法

1 蕃薯切成一口大的大小煮熟，杏子乾浸泡在溫水中，變軟後瀝乾水分切成細絲。松子以鍋子乾炒過。

2 在大碗裡將 **A** 混合均勻，再加入 **1** 拌勻。

3 在器皿中放入萵苣葉，再將 **2** 盛入其中。　（大越）

| 熱量 | 246kcal |
| 鹽分 | 0.2g |

| 熱量 | 299kcal |
| 鹽分 | 2.7g |

| 熱量 | 417kcal |
| 鹽分 | 1.4g |

牡蠣雪見鍋
佐減鹽柚子醋

加了白蘿蔔泥，清爽又健康！

材料

牡蠣…10顆
煎過的豆腐…1塊
香菇…4朵
紅蘿蔔…5cm的長度
水菜…1/2束
白蘿蔔…1/2根
昆布…5cm的長度

★柚子醋醬油（2次的量）

A
柚子汁…1顆柚子的量
醬油…比3大匙略少
醋…2大匙
紅糖…1大匙

作法

1　牡蠣洗淨，豆腐切成一口大的大小。

2　香菇切半，紅蘿蔔切薄片，水菜切成4cm長的長度，白蘿蔔磨成泥。

3　在土鍋中倒入3杯水，放入昆布煮沸，放入香菇和紅蘿蔔之後再次煮滾，之後加入1煮熟，最後放入水菜和白蘿蔔泥，很快的煮一下。

4　沾上調合後的A食用。

（鯉江）

香煎鰤魚
佐浸煮春菊

將提味佐料用芝麻油爆香，既去腥又有香氣

材料

★浸煮春菊
春菊（茼蒿）…1束

A
高湯…2大匙
醬油…1小匙

★香煎鰤魚
鰤魚…2片
長蔥…10cm的長度
薑（切絲）
　…個指節的大小
醋橘…1顆

B
醬油、酒、味醂
　…各1/2大匙
芝麻油…3大匙

作法

1　春菊切成5cm的長度，照莖、葉的順序燙熟，瀝乾後用力擰取水分，之後浸泡於拌勻的A中10分鐘。

2　蔥斜切後泡水，之後瀝乾水分。醋橘切半。

3　將不沾鍋的平底鍋加熱，將鰤魚的兩面煎至微焦後倒入B煮過，使魚肉入味。盛盤後擺上蔥和薑絲。

4　把鍋子擦乾淨後將芝麻油加熱，趁熱淋在3上。擺上醋橘，之後和1一起擺盤。

（鯉江）

註：雪見鍋，鍋料理的一種，因為會加入大量白蘿蔔泥，蘿蔔泥遇熱會變成半透明，像雪一樣，故名。

	212kcal
熱量	
鹽分	0.6g

	133kcal
熱量	
鹽分	0.6g

咖哩香煎沙丁魚

煎得香脆好吃的大蒜咖哩風味

材料

沙丁魚…3尾
秋葵…4根
大蒜（磨碎）
　…1小匙
咖哩粉…2小匙
麵粉…1大匙
鹽、胡椒…各少許
橄欖油…1大匙
西洋菜…2束

作法

1　將沙丁魚片成三片，斜切成一口大的大小。併排在淺盤中，兩面灑上鹽和胡椒，再抹上大蒜和咖哩粉，靜置5分鐘左右等魚肉入味後，在兩面沾上薄薄一層麵粉。

2　秋葵切掉蒂頭，斜切成2cm長的長度。

3　將橄欖油倒入不沾鍋的平底鍋中加熱，將1由魚皮那面開始煎，上色之後再翻面，在空位放入秋葵，加入2大匙水後蓋上鍋蓋悶煮。

4　待沙丁魚與秋葵熟了之後盛盤，在旁邊擺上西洋菜。　　（廣澤）

鱈魚青蔬鋁箔燒

將一切都交給烤箱的輕鬆料理

材料

鱈魚…2片
小蕃茄…2顆
舞菇…1/2盒
高麗菜…1片
紅蘿蔔
　…5cm的長度
洋蔥…1/4顆
醋橘…1顆
鹽、胡椒…各適量

作法

1　鱈魚灑上鹽、胡椒。小蕃茄切半。

2　舞菇分成小塊。高麗菜切大塊，紅蘿蔔切絲，洋蔥切薄片。

3　將2分成兩等分，放在2張切成四角型的鋁箔上，再將1各自放上，之後包好。以烤箱將之全部烤熟，大約烤15分鐘左右。擺上醋橘，依喜好灑上黑胡椒或滴上醬油。　　（鯉江）

熱量 616kcal
醣分 1.8g

熱量 202kcal
醣分 0.7g

香醋滷雞槌、
根莖蔬菜、蛋

加了醋，即使減鹽也能作出有深度的味道

材料

雞槌（即棒棒腿）…6根
水煮蛋…2顆
白蘿蔔…10cm的長度
蕃薯…1條（小）
A ┌ 紅糖、醋
  │   …各2大匙
  └ 味醂…1大匙
醬油…1大匙
油…1大匙

作法

1 白蘿蔔切滾刀塊。蕃薯連皮也切滾刀塊，浸泡在水中大約5分鐘，之後瀝乾水分。

2 將油倒入平底鍋中加熱，將雞肉放入鍋中煎到兩面變色。

3 在2加入1、水煮蛋，倒入讓料略高於水面的水（1又1/2杯～2杯）與A，蓋上落蓋以稍強的中火煮10～15分鐘。最後加入醬油，盛入容器中。蛋可依喜好切半。

（鯉江）

醬炒牛肉
小黃瓜甜椒

不過度加熱可以保留蔬菜的營養

材料

牛腿肉…150g
小黃瓜…1根
甜椒（紅）…1/2顆
醬油（減鹽）
　…1/2大匙
油…1/2大匙
山椒粉…少許

作法

1 牛肉切成2cm寬，小黃瓜等間隔的削皮做出花紋之後縱切成兩半，再斜切成3mm的片狀，甜椒切成細長的滾刀塊。

2 將油倒入平底鍋中加熱，以中火炒牛肉。炒至肉略焦黃時放入小黃瓜與甜椒一起炒。所有料都裹上油之後，沿鍋壁倒入醬油，快速的拌炒。盛盤後灑上山椒粉。

（檢見崎）

熱量	280kcal
鹽分	0.8g

熱量	300kcal
鹽分	1.4g

馬鈴薯燉肉
以肉的美味和鰹魚高湯達到減鹽的效果

材料

牛肉碎肉片…150g
馬鈴薯…2顆（300g）
洋蔥…1/4顆
紅蘿蔔…30g
蒟蒻絲…50g
A ┌ 高湯（鰹魚高湯）
　　…3/4杯
　└ 醬油…1/2大匙
油…1/2大匙
西洋菜…少許

作法

1　馬鈴薯切成一口大的大小，浸泡過水後瀝乾水分。洋蔥、紅蘿蔔切成4～5cm的長條狀。

2　蒟蒻絲燙過之後切成容易入口的大小。

3　將油倒入鍋中加熱，以中火來炒 **1**，待鍋中的料都沾上油之後，加入牛肉稍微炒一下，再加入A燉煮。煮滾後轉小火，撈去浮渣。

4　加入 **2**，蓋上落蓋煮15～17分，時時攪拌，煮至馬鈴薯變軟。

5　盛盤，擺上西洋菜裝飾。

（檜見崎）

豬肉蔬菜千層
使用蔬菜本身的水分燉煮，產生令人驚訝的濃厚甜味

材料

薄切豬腿肉…200g
洋蔥…1顆
白蘿蔔…100g
紅蘿蔔…1根（100g）
高麗菜…200g
酒…1/4杯
醬油…1小匙
鹽…1/4小匙

作法

1　洋蔥切成3mm的薄片。白蘿蔔連皮切成較粗的絲，紅蘿蔔和高麗菜也切成較粗的絲。

2　在鍋中重疊鋪上一半的洋蔥和白蘿蔔後，在上面鋪上一半的豬肉，再鋪上一半的紅蘿蔔和高麗菜。

3　重覆 **2** 的動作，將剩下的洋蔥、白蘿蔔、豬肉、紅蘿蔔和高麗菜依序鋪上。

4　加入酒和醬油，蓋上鍋子以小火煮約20分鐘，再以鹽調味。

（渡邊）

煎茄片佐鮒仔魚

煎茄子包捲鮒仔魚吃吧

材料

茄子…3個
鮒仔魚…4大匙
細蔥（切蔥花）…2根
醬油…1/2大匙
油…2大匙

註：本例子使用的茄子品種與台灣不同，較短較圓。

作法

1 茄子縱切成5mm厚的片狀。

2 將油倒入平底鍋中加熱，將 1 的兩面煎至恰到好處的焦黃，盛盤。

3 將 2 的平底鍋加熱，倒入鮒仔魚炒至變脆，再放在 2 上。最後灑上蔥花，滴上醬油。　　（鯉江）

青紫蘇生春捲

充滿香氣的青紫蘇讓心情也跟著變清爽

材料

雞胸肉…1/2片
水菜…1束
青紫蘇（切絲）…10片
冬粉…10g
米紙…4片
酒…1大匙
鹽…1小撮
A　蕃茄醬…2大匙
　　豆瓣醬、檸檬汁、
　　蜂蜜…各1小匙

作法

1 將雞肉放入較深的器皿，灑上酒和鹽。將整個器皿放入鍋中，將水加到器皿2/3的高度後蓋上鍋蓋開中火，沸騰後繼續蒸10分鐘左右，之後就這樣放涼備用。

2 將 1 用手撕成大塊。水菜切成4cm的長度，與青紫蘇混合。冬粉以水泡軟後用熱水煮2分鐘，切成適當的大小。

3 米紙很快的沾一下水，將 2 的料捲成筒狀，切成3等分後盛盤，在旁邊擺上混合好的 A。　　（阪口）

熱量 199kcal
鹽分 2.7g

熱量 235kcal
鹽分 1.4g

用小菜趕跑水腫！

熱量 92kcal
鹽分 0.8g

熱量 187kcal
鹽分 0.4g

紅蘿蔔糊

花時間慢慢蒸熟的紅蘿蔔有著極致的甜味

材料

（容易製作的份量）

紅蘿蔔…1根（大）（200g）
檸檬汁…少許
孜然粉（如果有的話）…1小匙
鹽…1/4小匙
胡椒…1/2小匙
橄欖油…1大匙

作法

1 紅蘿蔔切成3mm厚的圓片。

2 將橄欖油倒入鍋中加熱，把 1 與鹽放入鍋中炒約1分鐘。加入1/2杯水後蓋上鍋蓋，以小火蒸煮約5分鐘左右。

3 煮到紅蘿蔔變軟，水幾乎煮乾的程度後加入胡椒，以叉子等工具將紅蘿蔔大致壓碎。

4 放涼後再加入檸檬汁與孜然粉拌勻。　　（阪口）

芝麻醬拌白蘿蔔無花果乾

結合兩種不同口感的食材的新鮮組合！

材料

白蘿蔔…6cm的長度（300g）
無花果乾…3個（50g）
A　白芝麻醬…2大匙
　　砂糖…1大匙
　　黃豆粉…2小匙
　　醋…1小匙

作法

1 白蘿蔔切小塊的滾刀塊，以鹽水煮過。無花果乾切成8等分。

2 在大碗中將 A 混合均勻，將剛煮好還熱著的白蘿蔔和無花果乾加入其中，仔細拌勻。　　（古口）

浸煮整顆蕃茄

高雅的煮汁營造出清爽的口味

材料

蕃茄…2顆
A ┌ 高湯…1又1/2杯
  │ 味醂…1大匙
  │ 醬油…1/2大匙
  └ 鹽…1小撮
柴魚片…2小撮
青紫蘇（切絲）…2片的量

作法

1 在蕃茄沒有蒂頭的那側用菜刀劃出十字，再用熱水燙過去皮。

2 將A倒進小鍋子中後混合均勻，將1放入之後開火。煮滾後轉小火，以湯杓一邊將煮汁舀起澆在蕃茄上，一邊煮5分鐘。連同湯汁一起盛盤，放上柴魚片與青紫蘇。（鯉江）

沖繩料理風紅蘿蔔

鮪魚的味道滲進紅蘿蔔裡，跟白飯也很搭

材料

紅蘿蔔…1/2根
鮪魚罐頭
　　…1罐（小）（75g）
高湯…2小匙
鹽…少許
芝麻油…1/2小匙

作法

1 將紅蘿蔔用削皮刀削成薄薄的條狀。鮪魚罐頭瀝乾湯汁。

2 將芝麻油倒入平底鍋中加熱，將1放入鍋中炒到變軟，再以高湯和鹽調味。　　　　　　（鯉江）

熱量 **50kcal**
鹽分 **0.4g**

熱量 **128kcal**
鹽分 **0.6g**

熱量 **177kcal**
鹽分 **0.9g**

熱量 **267kcal**
鹽分 **1.6g**

豆乳味噌湯

加入蕃薯，飽足感也是滿分！

材料

蕃薯…100g
A ┌ 青豆…20g
  │ 豆奶（無調整）
  │ 　…1又1/2杯
  └ 味噌…2小匙
高湯…1杯
雞湯粉…適量

作法

1 蕃薯連皮切成1cm的塊狀後泡水，之後瀝乾水分。將高湯與蕃薯放入小鍋中，以較弱的中火煮約5分鐘左右。

2 加入A後再繼續煮，試一下味道，如果太淡的話就加入雞湯粉。盛入器皿中，依喜好滴入橄欖油。

（井澤）

沙拉蔬菜的多彩三明治

確實攝取蔬菜與蛋白質！也很適合當早餐

材料

胚芽土司（6片裝）…2片
A ┌ 沙拉用蔬菜…1/2袋（20g）
  │ 蕃茄（切薄片）…1/2顆
  │ 白煮蛋（切薄片）…1顆
  │ 生火腿…6片
  └ 片狀起司…1片
奶油…少許
橄欖油…1小匙

1 將吐司烤過後塗上奶油。

2 將A依照順序放在其中一片吐司上，淋上橄欖油，再用另一片吐司夾住。切成兩半後盛盤。　　（鯉江）

預防**妊娠糖尿病**

懷孕中會因為荷爾蒙的作用或飲食量的增加而容易變成高血糖的狀態。
有點肥胖的人、家族中有糖尿病患者的人，以及高齡產婦等族群需要特別注意這點。

Keyword

GI值

選擇醣類會被慢慢吸收的低GI食品

「GI」是升糖指數（Glycemic Index）的簡稱，為表示碳水化合物使血糖質上升程度的指標。如果血糖值急速上升，會使胰島素這種荷爾蒙分泌過剩，將糖儲存起來轉變為脂肪。碳水化合物中，GI值各有不同，記得選擇低GI的食物，在進餐時享用血糖質不會急速上升的飲食吧。（參考P.22）

控制血糖的 3 個重點

1 主食要選擇咖啡色

碳水化合物是優秀的熱量來源，這是孕期中不可缺少的營養素。但是像白米、白吐司或烏龍麵等白色的主食，都是容易讓血糖值上升的高GI食品。在懷孕期間建議改成食用糙米、雜糧米、裸麥麵包、裸麥義大利麵等低GI的食品。

2 記得多攝取膳食纖維

膳食纖維可以使醣類的吸收變緩，除此之外也有抑制空腹感的效果，所以可以預防因為暴飲暴食所造成的血糖值急速上升。記得多活用蔬菜或菇類、海藻等膳食纖維含量較多的食材。

膳食纖維
↓
蛋白質
↓
碳水化合物

> 先吃蔬菜來控制血糖值

「進食的順序」對於控制血糖也是很有效的。先從膳食纖維含量豐富的蔬菜開始吃，接著吃主菜，再來是主食，藉由這樣的順序讓醣類平穩的被身體吸收。

3 補充可以提高身體代謝的維生素B群

維生素B群是在將醣類作為能量運用時扮演重要角色的營養素，代表選手有糙米、豬肉、雞蛋、納豆、牛奶、堅果類、魚類或豆類、黃綠色蔬菜等，可以幫助醣類代謝，讓血糖值容易下降。

和食真了不起！

主食、主菜和副菜的和食菜單，不只營養均衡，在不易使血糖上升這點也很優秀！由於脂質少，所以最適合打造出不易發胖的體質。如果記得要減少鹽分的話，就是最強的孕婦餐！

熱量 40kcal
鹽分 1.6g

熱量 461kcal
鹽分 1.7g

雞肉蘆筍捲
照燒丼

以膳食纖維和發酵食品讓血糖值緩慢上升

材料

綠蘆筍…4根
雞柳…4條
A ┌ 苦椒醬…1/2匙
  │ 大蒜（磨碎）…少許
  └ 鹽、胡椒…各適量
B ┌ 水…1/4杯
  │ 酒、味醂、醬油…各2小匙
  └ 苦椒醬…1/2匙
芝麻油…1小匙
韓國海苔…4片
納豆…1盒
細蔥（切蔥花）…適量
熱飯…300g

作法

1 將蘆筍用保鮮膜包住，用微波爐加熱
40秒左右，將長度切成原來的一半。

2 在雞柳上下鋪保鮮膜，以桿麵棒等工
具敲打，使之變薄，再以A醃過調味。

3 將1放在2上，從其中一端開始捲
起。

4 將芝麻油倒入平底鍋中加熱，把3放
入鍋中煎到上色，加入B後蓋上鍋蓋，
待肉熟後先取出備用。

5 醬汁水分煮乾後再將4放回鍋中，使
之沾上醬汁，之後切成一口大的大小。

6 將飯盛入器皿中，放上韓國海苔、5
和納豆，最後灑上蔥花。

裙帶菜
豆芽菜湯

以檸檬的酸味畫龍點睛！
亞洲風味的味噌湯

材料

裙帶菜（乾燥）…1/2大匙
豆芽菜…70g
高湯粉…1/2小匙
味噌…1大匙
白芝麻、檸檬汁…各1小匙

作法

1 裙帶菜以水發開後瀝乾水分。

2 在鍋中加入2杯水與高湯粉煮沸，
之後加入豆芽菜與裙帶菜。

3 將味噌加入後攪開，最後加入芝麻
與檸檬汁。　　　　　　　　（祐成）

熱量 **693kcal**
鹽分 **2.1g**

熱量 **76kcal**
鹽分 **1.4g**

配料多多牛丼

以蒟蒻絲和牛蒡聰明減低熱量

材料

薄切牛里脊肉…180g
洋蔥…1個（小）
牛蒡…1/4根（50g）
鴻喜菇…1/2盒
蒟蒻絲…1/2袋（100g）
高湯…1杯
A ┌ 醬油…1又1/2大匙
　└ 紅糖、酒、味醂…各1大匙
熱的金芽米飯…2碗飯碗的量

作法

1　洋蔥縱切切半，再與纖維呈直角的切成1cm厚的片狀。牛蒡斜削成細絲，鴻喜菇分成小塊，蒟蒻絲切成容易入口的大小後燙過。
2　將牛肉切成容易入口的大小。
3　將高湯放入鍋中煮滾，將1放入鍋中煮，待蔬菜煮軟後加入A與2煮2～3分鐘。
4　將飯盛入器皿中，放上3，依喜好可配上紅薑。

醋漬章魚小黃瓜

與可以讓血液中脂質降低的醋物料理一起吃

材料

煮過的章魚…100g
小黃瓜…1根
切塊的裙帶菜…3g
A ┌ 醋…2大匙
　│ 紅糖…1大匙
　└ 鹽…少許

作法

1　裙帶菜以水發開後瀝乾水分，章魚切薄片，小黃瓜切薄片後以鹽搓揉。
2　將1加入混合後的A拌勻。　　　　（鯉江）

起司粉
炒青花菜

以蒸煮的方式保留青花菜的營養

材料
青花菜…150g
鹽、粗磨黑胡椒…各少許
起司粉…1大匙
橄欖油…1小匙

作法
1　青花菜分成小朵。
2　將橄欖油倒入平底鍋中加熱，用中火炒
1。待所有青花菜都沾上油後灑鹽，加入1大
匙水，蓋上鍋蓋以小火蒸煮2分鐘左右。
3　煮熟之後拿起鍋蓋讓水分蒸發，灑上起司
粉，讓青花菜都沾上，再灑上胡椒。（牧野）

| 熱量 | 58kcal |
| 鹽分 | 0.4g |

材料
熱的發芽糙米飯
　　…飯碗2碗的量
綜合海鮮（冷凍）
　　…150g
青椒…2顆
紅蘿蔔…3cm的長度
洋蔥…1/4顆
大蒜…1瓣
雞蛋…2顆
　　咖哩粉…1/2大匙
Ａ　鹽、胡椒…各少許
橄欖油…1大匙

作法
1　青椒、紅蘿蔔、洋蔥和大蒜都切成碎末。
2　將橄欖油和大蒜放入平底鍋加熱，再加入綜合海鮮和1的蔬菜翻炒。
3　加入飯翻炒到粒粒分明，以Ａ調味後盛盤。
4　將平底鍋擦乾淨，倒入少許油（不包含在食譜份量內）加熱，將蛋打入鍋中煎成荷
包蛋後放在3上。依喜好可以再加上小蕃茄。
　　　　　　　　　　　　　　　　　　　（鯉江）

| 熱量 | 450kcal |
| 鹽分 | 0.9g |

海鮮
咖哩炒飯

選擇使用可以抑制血糖急速上升的發芽糙米

113

咖哩炒豬肉青花菜

如果要吃肉的話，就和大量蔬菜一起吃

材料
豬腰內肉…160g
洋蔥…1/4顆
甜椒（紅）…1/2顆
大蒜…1/2瓣
A┌麵粉、咖哩粉…各少許
└白酒…1大匙
鹽、胡椒、咖哩粉…各適量
橄欖油…1大匙

作法
1 豬肉斜切成薄片，灑上鹽和胡椒後沾滿**A**。洋蔥和紅蘿蔔切薄片，甜椒切滾刀塊。青花菜切成一口大的大小後以鹽水稍微燙一下，注意不要煮太久，需保留青花菜的硬度。
2 將橄欖油與大蒜放入平底鍋中以小火加熱，飄出香味後放入**1**的豬肉將兩面煎過後，再放入蔬菜翻炒。
3 加入白酒和咖哩粉後再翻炒一下讓所有料都沾上，最後以鹽和胡椒調味。　　　（大越）

熱量 **207kcal**
鹽分 **1.1g**

豆芽菜竹筍炊飯

享受彈牙清脆的口感

材料
（容易製作的份量）
米…360ml（2合）
麥片…1袋（50g）
豆芽菜…1/2袋（100g）
竹筍（水煮）…70g
紅蘿蔔…1/2根（70g）
豬絞肉…100g
A┌酒、醬油、味醂
│　…各1大匙
└雞湯粉…1小匙
酒、鹽、胡椒
　…各適量

作法
1 米洗好後與麥片一起放入電子鍋中，加入比刻度2還要再多一點的水（多50ml左右）。
2 豆芽菜洗好後瀝乾水分。竹筍切薄片，以加入少許酒和鹽的熱水煮過。紅蘿蔔切成3～4cm長的細絲。
3 將絞肉、酒、鹽和胡椒放入大碗中，大略混合。
4 將**A**加入**1**後稍微攪拌一下，將**3**用手指捏起一塊塊後放入，再將**2**放上（不要攪拌），之後照一般的方法將飯煮熟。　　（館野）

熱量 **381kcal**
鹽分 **1.2g**

溫野菜佐鱈魚子豆腐沾醬

鱈魚子的鹹味與美味和豆腐很搭！

材料

紅蘿蔔…1/4根
蕪菁…1/2顆
蓮藕…1/4節
南瓜…1/8顆
秋葵…3根
板豆腐…1/3塊（100g）
A ┌ 鱈魚子
    │（已經挖出來的）
    │ …3大匙
    │ 橄欖油…1大匙
    └ 胡椒…少許

作法

1　將豆腐放在鋪了廚房紙巾的篩子上弄碎，靜置10分鐘左右瀝乾水分，之後與A混合。

2　紅蘿蔔切成寬1cm的柱狀。蕪菁稍微留下一點莖，切成半月形。蓮藕和南瓜切成1cm厚容易入口的片狀。

3　將2與秋葵放入已經開始冒出蒸氣的蒸籠內蒸5分鐘，將蕪菁和秋葵取出後再繼續蒸5分鐘。盛盤，在旁邊擺上1。

（鯉江）

| 熱量 | 247kcal |
| 鹽分 | 2.1g |

| 熱量 | 326kcal |
| 鹽分 | 1.7g |

| 熱量 | 129kcal |
| 鹽分 | 1.8g |

牡蠣炊飯

以「之後再放入」的方式來維持牡蠣軟嫩的口感

材料

米…180ml（1合）
牡蠣…150～200g
薑…1個指節的大小
牛蒡…30g
高湯…1/2杯
A ┌ 酒…1大匙
    │ 薄口醬油
    └ …1/2大匙
太白粉…適量
鴨兒芹…適量

作法

1　將牡蠣放入大碗中，灑上大量太白粉裹住牡蠣，之後以水清柔的清洗。

2　將高湯與A放入鍋中煮沸，放入牡蠣煮約1分鐘，就這樣浸泡在煮汁中直到摸起來不燙的程度。牡蠣若太大可切半。

3　薑切絲，牛蒡斜切成細絲。

4　將洗好的米、過濾後的2的煮汁放入電子鍋中，不夠的話再加入高湯（不包含在食譜份量內）至刻度1，放上3後照一般的方法煮熟。

5　煮好後加入牡蠣，蓋上蓋子再悶一下。盛入碗中後灑上切碎的鴨兒芹。

（Horie）

滿滿根莖類蔬菜的豬肉味噌湯

以富有層次的味道溫暖全身

材料

薄切豬腿肉…30g
白蘿蔔
　…2cm的長度
紅蘿蔔
　…3cm的長度
小芋頭…1顆
蓮藕…2cm的長度
蔥…1/4 根
高湯…2又1/2杯
味噌…1又1/3大匙
芝麻油…2小匙

作法

1　豬肉切成肉絲。白蘿蔔、紅蘿蔔、小芋頭和蓮藕切成有厚度的扇形。蓮藕在水中浸泡5分鐘左右後瀝乾水分。蔥切成蔥花。

2　將芝麻油倒入鍋中加熱後放入豬肉翻炒，炒到變色後再加入1的蔬菜很快的炒過。

3　加入高湯，煮滾後撈去浮渣，蓋上鍋蓋煮到蔬菜變軟。將味噌攪散溶入湯中後關火。盛入碗中，依喜好灑上七味唐辛子。　　（牧野）

麻婆豆腐

豬肉×香味蔬菜，促進醣類代謝！

材料

豬絞肉…100g
板豆腐…1塊（300g）
蔥…1/4根
薑…1/2個指節的大小
蒜…1/2瓣
韭菜…1/4束
豆瓣醬…1/4小匙
A ┌ 雞湯粉…1/4小匙
  │ 味噌、酒
  │   …各2小匙
  │ 醬油…1大匙
  └ 水…1/4杯
太白粉水…1/2大匙
油…1/2大匙
芝麻油…1小匙

熱量 **297kcal**
鹽分 **2.4g**

作法

1　豆腐切成2cm的塊狀，以熱水很快的燙過。蔥、薑、大蒜切成碎末。韭菜切碎。

2　將油倒入平底鍋中加熱，放入絞肉炒至散開，再加入蔥、薑、大蒜翻炒。炒出香味後再加入豆瓣醬，待全體入味之後，加入A煮2～3分鐘。

3　加入豆腐再煮一下，以太白粉水勾芡。加入韭菜後很快的煮一下，之後均勻淋上芝麻油。盛盤，依喜好灑上山椒粉。　　　　　（牧野）

熱量 **166kcal**
鹽分 **1.4g**

紅蘿蔔雞鬆丼

紅蘿蔔高雅的甜味、顏色美麗的雞鬆

材料

紅蘿蔔…1根（100g）
雞絞肉…150g
豌豆…50g
A ┌ 水…1/2杯
  │ 柴魚片…1小撮
  │ 味醂…1/2大匙
  │ 酒…1大匙
  └ 醬油…不足1大匙
油…1小匙
熱的糙米飯…300g

作法

1　紅蘿蔔磨成泥。豌豆去筋後以鹽水很快燙過，迅速泡水冷卻後切碎。

2　將油倒入鍋中加熱，將絞肉放入炒至散開，加入紅蘿蔔後炒3～4分鐘。加入A後煮5～6分鐘，煮至湯汁收乾。

3　將糙米飯盛入碗中，放上2，再灑上豌豆。
　　　　　（館野）

鮭魚柴魚片
糙米炒飯

糙米是低GI值又含有豐富鐵質的優秀主食

材料

熱的糙米飯…300g
鮭魚…2塊
薑…1/2個指節大小
蔥…1/3根
雞蛋…2顆
萵苣…4片
柴魚片…2袋（小）（10g）
酒、醬油…各2小匙
鹽、胡椒…各少許
芝麻油…1又1/2大匙

作法

1 以烤魚器烤鮭魚，去皮後將魚肉弄散。薑、蔥切成末。
2 將芝麻油倒入鍋中加熱，放入薑和蔥炒香後再放入鮭魚。
3 將糙米飯和打散的蛋混合後加入2中，仔細翻炒混合。加入鹽、胡椒，均勻淋上酒後再將全體翻炒混合。
4 加入撕碎的萵苣，在萵苣變軟之前均勻灑上醬油、加入柴魚片，混合之後即可盛盤。　　　　　　　　　（大越）

熱量 512kcal
鹽分 1.6g

冬粉萵苣湯

加入可以產生飽足感的冬粉，也可以預防吃太多

材料

冬粉…15g
木耳（乾燥）…2g
紅蘿蔔…30g
蔥…1/2根
萵苣…100g
雞蛋…1顆
A｜溫水…2杯
　｜湯塊…1塊
　｜酒…1大匙
B｜豆瓣醬…1/4小匙
　｜鹽、胡椒
　｜…各少許
醋…1大匙

作法

1 冬粉泡水發開後切成適當的長度。
2 木耳泡水發開後切細絲。紅蘿蔔切粗末，蔥斜切成薄片。
3 將A倒入鍋中煮滾，再加入2煮一下。以B調味後，將萵苣撕成一口大的大小加入鍋中。
4 待萵苣煮軟後加入1，再次煮滾後倒入打散的蛋，蛋花浮起後關火，加上醋。　（檢見崎）

熱量 92kcal
鹽分 1.5g

咖哩烤雞

雞胸肉是優質的蛋白質寶庫☆
把肉烤得軟嫩多汁

材料

雞胸肉…1片（180g）
A ┌ 咖哩粉、橄欖油
　　　…各1小匙
　├ 鹽…1/6小匙
　└ 紅椒粉、胡椒…各少許
杏鮑菇…2根（60g）
洋蔥（切成厚1cm的圓片）…4片
綠蘆筍…4根

作法

1　雞肉去掉皮和脂肪後斜切成片狀，用A醃過，搓揉使之入味。
2　杏鮑菇縱切成兩半，蘆筍切去下半部較硬的部分。
3　將杏鮑菇、洋蔥放入耐熱容器中用烤箱烤4～5分鐘，再放入雞肉與蘆筍繼續烤7～8分鐘。（檢見崎）

熱量 156kcal
鹽分 0.6g

熱量 213kcal
鹽分 0.8g

酪梨拌蝦仁青豆

將蝦子＆酪梨這個黃金搭檔做成沙拉

材料

水煮蝦仁…100g
青豆（從豆莢中剝出）…1/2杯
酪梨…1顆（小）
A ┌ 檸檬汁…1大匙
　├ 橄欖油、醬油…各1小匙
　└ 山葵醬、砂糖…各少許
紅葉萵苣…3～4片

作法

1　以鹽水煮青豆，泡入冷水中冷卻後瀝乾水分。
2　酪梨切成1cm的塊狀，放入大碗中，加入A醃過，再加入1和蝦仁很快的拌過。
3　紅葉萵苣切成容易食用的長絲，以廚房紙巾包起，吸去水分。
4　將3鋪在容器上，再放上2。　（館野）

青海苔香煎豬腰內肉

用蛋裹住豬肉，將美味緊緊鎖住！

熱量 **216kcal**
鹽分 **1.0g**

材料

豬腰內肉…180g
A ┌ 雞蛋…1顆
  │ 青海苔粉
  └   …1/2大匙
麵粉…少許
鹽、胡椒…各少許
油…2小匙
西洋菜…1/2束
櫻桃蘿蔔…兩顆

作法

1 豬肉切成1cm厚的片狀，以菜刀等工具輕輕拍打，之後灑上鹽和胡椒。
2 西洋菜切成容易食用的長度，櫻桃蘿蔔切成4等分。
3 將豬肉薄薄抹上一層麵粉，之後滿滿的沾上混合後的 **A**。
4 將油倒入平底鍋中加熱，以中火將**3**的兩面煎熟，盛盤後在旁邊擺上**2**。　　（大越）

豆類優格沙拉

具有豐富的維生素B群可幫助脂質與醣類代謝

材料

綜合豆類（水煮）…200g
洋蔥…1/4顆
A ┌ 原味優格…1/4杯
  │ 橄欖油…1大匙
  │ 蜂蜜、芥末籽醬…各1小匙
  │ 醋…1/2小匙
  └ 鹽、胡椒…各少許
核桃（剁碎）…5顆

作法

1 洋蔥切末。
2 將 **A** 在大碗中混合均勻，加入綜合豆類和**1**拌勻。盛盤，灑上核桃。　　（鯉江）

熱量 **336kcal**
鹽分 **0.4g**

蕃茄煮雞肉大豆

份量滿點、可以當成一道料理的湯

熱量	514kcal
鹽分	1.7g

材料

雞槌…6個
大豆（水煮）…100g
蕃茄…6顆
洋蔥…1顆
芹菜…1/2根
青椒（綠色、黃色）…各1個
白酒…3/4杯
鹽…1/2小匙
胡椒…少許
橄欖油…1小匙

作法

1　雞槌以流動的水清洗，再以廚房紙巾吸乾水分。
2　洋蔥切成6等分，芹菜去掉筋後先切成2等分，之後再縱切成3等分。青椒縱切成2等分。
3　鍋子開中火加熱，將橄欖油加入鍋中，再放入**1**煎到稍微上色。
4　將蕃茄以外的蔬菜放入鍋中很快的炒過，加入白酒煮到滾。再加入蕃茄和大豆，加入可以蓋過材料的水。
5　一邊撈去浮渣一邊煮，轉小火後煮15分鐘左右，以鹽和胡椒調味。
（渡邊）

蘆筍銀荊花沙拉

汁水豐沛的蘆筍佐以圓潤的蛋醬

材料

綠蘆筍…6根
白煮蛋…1顆
檸檬汁、巴西里（切碎末）…各少許
法式沙拉醬（市售）…1大匙

作法

1　蘆筍切去下半部，以削皮刀削去硬皮，以鹽水燙過之後瀝乾水分。
2　水煮蛋切碎。
3　將蘆筍盛盤，淋上檸檬汁與沙拉醬，再放上**2**，灑上巴西里。
（片岡）

熱量	81kcal
鹽分	0.3g

香煎新馬鈴薯與印度風小羊肉

以優格醃過，柔軟又多汁

材料

新馬鈴薯…200g
洋蔥…1顆
小羊腿肉…150g
A ┌ 原味優格…1/4杯
　│ 咖哩粉…1/2小匙
　│ 蕃茄醬…1大匙
　│ 大蒜（磨成泥）…非常少許
　│ 橄欖油…1小匙
　└ 鹽…1小撮
鹽、胡椒…各少許
橄欖油…適量

作法

1　馬鈴薯連皮洗淨後切成一口大的大小，放入耐熱容器中蓋上保鮮膜，以微波爐加熱4～5分。洋蔥切成1cm的厚度。
2　將A在大碗中混合，把切成1cm厚度的小羊肉放入大碗中醃30分鐘以上。
3　將少許橄欖油倒入平底鍋中加熱，將1煎到恰到好處的焦黃，稍微灑上鹽、胡椒後盛盤。
4　以同一個平底鍋加熱橄欖油，稍微瀝乾2的水分後放入鍋中，以大火來煎。煎好後放入3的器皿，如果有的話，加上巴西里裝飾。（館野）

熱量 325kcal
鹽分 0.9g

註：新馬鈴薯，指在早春（2月）至初夏（6月左右）所收成的馬鈴薯。

小松菜蛤蜊蛋包

不但低GI，也能確實攝取鐵和蛋白質

材料

小松菜…2株
蛤蜊（水煮）…80g
洋蔥…1/4顆
蕃茄…1/4顆
雞蛋…2顆
鹽、胡椒…各少許
醬油…1小匙
橄欖油…1大匙

作法

1　將小松菜切成2cm的長度，洋蔥切末，蕃茄切成1cm的丁。
2　將2小匙的橄欖油倒入平底不沾鍋中加熱，放入洋蔥以中火炒至變軟。放入蛤蜊與小松菜翻炒，以鹽和胡椒調味，關火。
3　將蛋打入大碗中打散，加入稍微放涼的2，再加入醬油仔細攪拌均勻。
4　將2的平底鍋洗過，熱鍋之後再加入1小匙橄欖油。確認鍋子充分加熱後將3一口氣倒入鍋中，以筷子像是畫大圓的方式攪拌數次，之後以中火煎熟。煎到上色之後翻面，將兩面都煎熟。
5　切成容易食用的大小，盛盤，在上面擺上蕃茄丁。（廣澤）

熱量 188kcal
鹽分 1.6g

121

醃小蕃茄
清爽的蜂蜜薄荷味

材料

小蕃茄（紅、黃）
…合計16顆
A｜醋…5大匙
　｜蜂蜜…2大匙
　｜鹽…1/2小匙

作法

1　小蕃茄用竹籤或叉子戳出數個小洞。
2　放入容器中，將混合後的 **A** 倒入。盛入器皿中，依喜好可用薄荷葉裝飾。　　（鯉江）

●在冰箱中冷藏半天會更入味。

熱量　63kcal
鹽分　0.6g

低GI值的小菜

薑味蟹肉
芡汁淋豆腐
濃稠的口感，沒有食慾的日子也吃得下

材料

嫩豆腐…1塊
蟹肉罐頭…1罐（小）
薑…1個指節的大小
A｜高湯…1杯
　｜薄口醬油、味醂
　｜…各1小匙
　｜鹽…少許
太白粉…1小匙
鴨兒芹…適量

作法

1　將蟹肉罐頭的蟹肉與湯汁分離，薑磨碎。
2　將 **A** 和 **1** 的湯汁倒入鍋中煮沸，再放入豆腐。豆腐煮熱之後取出，加入蟹肉，煮滾後加入2小匙太白粉水勾芡。
3　將豆腐盛入器皿中，淋上芡汁，放上薑泥和切碎的鴨兒芹。　　（牧野）

熱量　128kcal
鹽分　1.5g

大蒜炒蓮藕牛肉
膳食纖維×蛋白質，讓醣類緩慢被吸收

材料

蓮藕…1節（250g）
牛肉薄片…100g
大蒜（切薄片）…1瓣
A｜醬油…1/2大匙
　｜山葵醬…1/4小匙
橄欖油…1小匙

作法

1　蓮藕切滾刀塊，泡水後瀝乾水分。牛肉切成2cm的寬度。
2　將橄欖油、大蒜放入平底鍋中加熱，再放入蓮藕翻炒，蓋上蓋子悶煎3分鐘左右。
3　加入牛肉炒熟，以混合後的 **A** 調味。　　（鯉江）

熱量　236kcal
鹽分　0.9g

蘿蔔絲沙拉

青紫蘇的香味與鹽昆布讓這道常見的沙拉更上一層樓

材料
白蘿蔔…5cm的長度
萵苣…2片
蕃茄…1/2顆
青紫蘇…2片
鹽昆布…少許
A「醬油、亞麻仁油
　　…各1大匙
　醋…2小匙
　紅糖…1小匙

作法
1　白蘿蔔、青紫蘇切絲後混合。
2　萵苣和蕃茄切成一口大的大小。
3　將萵苣鋪在容器底部，放上1後再以蕃茄裝飾，灑上鹽昆布。最後將A混合後淋上。
（鯉江）

熱量 110kcal
鹽分 1.4g

冬瓜煮雞肉

清淡的冬瓜吸滿了雞肉的美味

材料（2人份×2次）
雞腿肉…1塊
冬瓜…500g
昆布…10cm的長度
A「蔥（綠色部分）
　　…少許
　薑（切薄片）
　　…2〜3片
　大蒜…2瓣
　酒…1/2杯
　鹽…1/2小匙
鹽、胡椒…各適量
油…1小匙

作法
1　雞肉切成一口大小，灑一點鹽和胡椒。冬瓜以削皮刀削去表皮，在表面以菜刀畫出格子狀的花紋，切成4cm的塊狀，昆布切成1cm的塊狀。
2　將油倒入鍋中加熱，雞肉有皮的那面向下先煎，待油煎出來之後將油擦去，將兩面煎到焦黃。放入冬瓜、昆布和A，加入不會完全蓋過材料的量的水燉煮。
3　煮滾後轉中火，蓋上鍋蓋但留一點縫，煮20分鐘左右。煮至煮汁收乾到只剩一半，將蔥和薑取出，灑上胡椒後盛盤。剩下那半涼了也好吃。
（阪口）

熱量 192kcal
鹽分 1.0g

韓式蔥豬肉煎餅

具有消除疲勞、溫暖身體的效果

材料
蔥…1根
紅蘿蔔…5cm的長度
豬腿肉薄片…100g
A「麵粉（有的話可改用
　　全麥麵粉）…50g
　雞蛋…1顆
　水…1/4杯
　鹽、胡椒…各少許
芝麻油…1大匙

作法
1　蔥斜切成薄片，紅蘿蔔切細絲。
2　將A倒入大碗中混合均勻，再加入1拌勻。
3　將芝麻油倒入鍋中加熱，放入一半量的2，再放上一半量的豬肉，將兩面煎熟。剩下的也依同樣作法煎熟，切塊。依喜好可以配上醋醬油食用。
（鯉江）

熱量 299kcal
鹽分 0.3g

培養寶寶的 大腦與身體

從懷孕20週開始，寶寶的腦會開始急速發育。積極的食用屬於育腦食材的魚類，
讓寶寶吸收必要的營養吧。

Keyword

DHA・EPA

一日建議攝取量為 **1000**mg

懷孕中的飲食
關係著寶寶將來的聰明與否

主要存在於魚類中的DHA與EPA是讓大腦運作活性化的必需脂肪酸，一星期就讓以魚為主的菜單登場2～3次吧。也很推薦用櫻花蝦或鮪魚罐頭這些容易使用的常備食材做成副菜。此外，α-亞麻酸在人體內也有一部分會轉變為DHA，也要將核桃、亞麻仁油和奇亞籽加入菜單之中。

發展身體與大腦的
3 個重點

1 攝取大腦工作時
必需的DHA

在媽媽肚子中的胎兒要發展神經，一定不能缺少作為必需脂肪酸的DHA。青背魚、鰻魚、紅鮭魚、鮪魚、鰹魚、櫻花蝦等海鮮都含有豐富的DHA，由於這是身體無法自行製造的營養，請務必積極的攝取。

2 也要確實的從魚
或菇類攝取維生素D

維生素D除了能幫助鈣質吸收外，在近年也已發現，除了對懷孕、生產很重要之外，它與大腦的發展也有關係。雖然只要曬太陽，體內就會自行合成，但也多吃魚或菇類，從食物中攝取吧。

3 補給成為身體與
大腦原料的蛋白質

不只大腦，蛋白質也是構成寶寶內臟、血液、肌肉等身體的材料，特別是其中還包含無法由體內合成的必需胺基酸，確實的食用含有優質蛋白質的食品是很重要的。

將目光放在胺基酸
分數高的蛋白質上！

| 肉 | 魚 | 蛋 | 乳製品 | 大豆製品 |

胺基酸分數即是對人體無法自行合成的「必需胺基酸」的均衡作出評價，也就是蛋白質的成績單。大人所需的必需胺基酸為9種（小孩為10種），這些養分如果不以適當的比例存在，在體內的利用率就會下滑。肉、魚、蛋、乳製品和大豆製品的胺基酸分數幾乎是滿分！一日三餐，每餐都一定要吃「一個手掌大」的這些食物。

魚（一次所吃的量）的DHA、
維生素D含有量

※懷孕中的維生素基準量
為一日7.0µg

	DHA	維生素D
秋刀魚（100g）	1600mg	15.9µg
鰻魚（蒲燒・120g）	1560mg	22.8µg
鰤魚（80g）	1360mg	4.3µg
鮭魚（80g）	960mg	31µg
鯖魚（80g）	776mg	9µg
鮪魚（水煮罐頭・80g）	96mg	2.4µg
魩仔魚（半乾燥・10g）	57mg	6.1µg
櫻花蝦（乾燥・10g）	31mg	0µg

乾蘿蔔絲
干貝炸什錦

不只是能用在燉煮料理上！
乾白蘿蔔絲的新境界

材料

干貝…4顆
乾蘿蔔絲…15g
蔥…10cm的長度
櫻花蝦…6g
A [麵粉…30g
　　雞蛋…1/2顆
　　鹽…少許]
麵粉…1大匙
炸油…適量
青紫蘇…4片
紅紫蘇粉…少許

作法

1 乾蘿蔔絲泡水發開，瀝乾水分後切成
容易食用的長度。干貝切成一口大的大
小，蔥切小段。
2 在大碗中放入1與櫻花蝦，再加入麵
粉稍微攪拌一下。
3 在另一個大碗將A與1/2杯水大致混
合過後，再將2倒進去攪拌。（水量可
視硬度調整多寡）
4 以湯匙舀起3，滴入170度的油鍋
中，炸到變金黃色即可取出。
5 將青紫蘇鋪在器皿上，將4放上後再
灑上紅紫蘇粉。

法式高湯煮雞槌鷹嘴豆

以可以簡單加入的鷹嘴豆讓料理變身育腦料理

材料

雞槌…6個
洋蔥（切末）…1/4顆
紅蘿蔔（切末）…2/5根
鷹嘴豆（水煮）…1罐
大蒜（切末）…1/2瓣
法式高湯粉…1/2大匙
麵粉…少許
鹽、胡椒…各適量
月桂葉…1片
橄欖油…2小匙

作法

1 雞槌灑上鹽、胡椒後，薄薄裹上一層麵粉。
2 將橄欖油與大蒜放入平底鍋中以小火加熱，
飄出香味後加入洋蔥與紅蘿蔔拌炒，炒軟後再放
入1，一邊翻動一邊煎。
3 雞肉表面上色後，加入鷹嘴豆、高湯粉、月
桂葉與2杯水，以中火煮15分鐘左右。
4 燉煮途中一邊攪拌一邊等汁水量變少即可以
鹽和胡椒調味，盛盤。有的話灑上巴西里。

（大越）

| 熱量 | 335kcal |
| 鹽分 | 2.0g |

| 熱量 | 343kcal |
| 鹽分 | 1.4g |

2

培

養大腦與身體

煎鮭魚
佐根莖類蔬菜浸煮

可在冰箱內保存3天左右

材料

鮭魚…2塊
蓮藕…50g
牛蒡…1/2根
紅蘿蔔…1/2根
A 高湯…3/4杯
　 醬油…1小匙
　 醋…2小匙
鹽…少許
酒…1大匙
芝麻油…1小匙

作法

1 鮭魚灑鹽後靜置10分鐘，以廚房紙巾將滲出的水拭去。蓮藕去皮切成5mm的厚度後泡水，牛蒡斜切成7～8mm的厚度泡水，紅蘿蔔縱切成4等分。

2 將平底鍋以中火加熱，倒入芝麻油，將1的鮭魚放入鍋中煎至稍微上色後翻面。

3 將瀝乾水分的蓮藕、牛蒡、紅蘿蔔、酒放入鍋中，開小火，蓋上鍋蓋蒸煮8分鐘左右。

4 在平底淺盤之類的容器將A混合，把3放入其中醃漬。盛盤，依喜好灑上鴨兒芹。　　（渡邊）

熱量 200kcal
鹽分 1.0g

煎鯖魚
佐滿滿巴西里南蠻漬

將富含DHA、EPA的鯖魚做成清爽的口味

材料

鯖魚…2塊（250g）
紫洋蔥…1/2顆
甜椒（黃）…1/2顆
芹菜…1根
小蕃茄…10顆
A 大蒜（磨末）…1瓣
　 醬油（減鹽）…1小匙
平葉巴西里（切碎）…1大匙
B 紅酒醋（或米醋）、水…各2大匙
　 砂糖…2小匙
　 鹽…少許
　 顆粒胡椒…5顆
　 月桂葉…1片
太白粉…適量
橄欖油…1小匙

作法

1 鯖魚切成一口大的大小，以A醃漬調味，靜置約30分鐘左右。

2 洋蔥、甜椒、芹菜切薄片。小蕃茄淋熱水後去皮。

3 在耐熱容器內將B混合，以微波爐加熱1分鐘左右，將2與巴西里放入。

4 將橄欖油倒入平底鍋中加熱，把裹了太白粉的鯖魚放入鍋中擺好，以中火將兩面煎熟後，趁熱放入3裡醃漬入味。　　（祐成）

熱量 344kcal
鹽分 1.6g

多彩醬淋白身魚

在柔軟的白身魚上淋上滿滿的高雅淋醬

材料

鯛魚（或土魠魚）…2塊（300g）

紅蘿蔔…1/3根

青椒（紅）…1/2顆

青椒（黃）…1/3顆

A ┌ 味醂…1大匙
　├ 薄口醬油…2小匙
　└ 酒…2大匙

雞湯粉、太白粉…各2小匙

鹽…少許

油菜花…6根

作法

1　將鹽與酒（不包含在食譜份量內）灑在鯛魚上，靜置15分後拭去水分。紅蘿蔔與青椒切細絲。

2　油菜花以大量加入鹽的熱水燙過後切半。

3　在鍋中加入1又1/2杯的水、雞湯粉與 **A** 煮滾，將 **1** 放入後以較弱的中火一邊將煮汁淋在魚肉上，一邊煮3～4分鐘，煮至蔬菜變軟。將鯛魚取出盛盤。

4　在 **3** 的鍋裡加入鹽調味，以2大匙的煮汁將太白粉化開後加入勾芡，將淋醬淋在鯛魚上，在旁邊擺上油菜花。

熱量 378kcal
鹽分 3.0g

裙帶菜蒸鯖魚

好好享用海潮香氣加上中式醬汁的美味

材料

鯖魚…2塊

已切好的裙帶菜…3g

蔥…5cm的長度

A ┌ 薑（磨末）…1個指節的大小
　├ 醬油…1大匙
　└ 醋、芝麻油…各1小匙

酒…2小匙

鹽、紅辣椒（切辣椒圈）…各少許

作法

1　裙帶菜泡水發開，蔥切絲後泡水。

2　鯖魚洗過後擦乾水分，放在鋪好的鋁箔紙上，灑上鹽和酒，再放上辣椒和擰乾水分的裙帶菜。

3　將鋁箔紙的開口包好，以烤魚器烤15～20分鐘左右。

4　將 **3** 盛盤，淋上拌勻的 **A**，灑上蔥絲。

（阪口）

熱量 197kcal
鹽分 2.5g

滿滿芝麻煎鮭魚
佐菠菜與菇類

香脆的芝麻！不要移動，慢慢的把魚煎熟

材料

鮭魚…2塊
菠菜…1/3束
菇類（鴻喜菇、
　金針菇、舞菇等）
　…100g
白芝麻、黑芝麻
　…各1大匙
A 醬油、味醂、醋
　　…各1小匙
鹽、胡椒…各少許
酒…2小匙
橄欖油…適量
小蕃茄…4顆

作法

1　菠菜燙熟後瀝乾，擰去水分，切成3cm的長度。菇類分成小塊後切成容易入口的大小。

2　鮭魚灑上鹽、胡椒和酒，靜置15分鐘。以廚房紙巾拭去滲出的水，裏上混合後的黑白芝麻。

3　將橄欖油倒入平底鍋中加熱，將 2 放入後以中火煎至兩面酥脆，蓋上鍋蓋後轉小火將魚肉煎熟。加入 A 讓鮭魚沾上醬汁後盛盤。

4　用 3 的平底鍋炒 1，盛起後放在鮭魚旁邊，再擺上小蕃茄。

（鯉江）

熱量 **324kcal**
鹽分 **1.5g**

熱量 **171kcal**
鹽分 **1.4g**

咖哩煮鰈魚

以民族料理風的調味
完成的新感覺煮魚

材料

鰈魚…2塊（200g）
洋蔥…1/4顆（50g）
蕃茄…1顆（150g）
月桂葉…1片
A 咖哩粉…1/2小匙
　鹽…1/6小匙
　胡椒…少許
B 溫水…3/4杯
　蕃茄醬…1大匙
　伍斯特醬…1/2大匙
　胡椒…少許
咖哩粉…1/2大匙
橄欖油…1/2大匙

作法

1　在鰈魚上灑上 A，使之入味。

2　洋蔥切碎末，蕃茄切成1cm的丁。

3　將橄欖油倒入平底鍋中以大火加熱，將 1 放入鍋中煎，煎到變色、變得焦黃時加入洋蔥一起炒。

4　加入蕃茄、月桂葉和咖哩粉一起炒，炒到入味後加入 B。煮滾後轉小火，蓋上鍋蓋煮約15分鐘左右。盛盤，如果有的話灑上切碎的平葉巴西里。

（檢見崎）

西式煮鱈魚
溶入了優質脂肪的湯汁也很美味

材料
鱈魚…2塊（200g）
洋蔥…1/4顆（50g）
芹菜…1/2根（50g）
蕃茄…1顆（150g）
白酒…2大匙
麵粉…少許
鹽、胡椒…各適量
油…1/2大匙
巴西里（切碎末）…適量

作法
1 洋蔥和去筋的芹菜切成碎末。蕃茄切成一口大的大小。
2 鱈魚切成3等分，灑上1/6小匙的鹽和少許胡椒，整體裹上麵粉。
3 將油倒入平底鍋中，開大火加熱，把2的兩面煎到恰到好處的焦黃後，放入洋蔥和芹菜翻炒，再加入蕃茄。
4 加入白酒，再倒入1/2杯的水，蓋上鍋蓋，以中火蒸煮7～8分鐘。待蕃茄煮爛後以鹽和胡椒調味，盛盤，最後灑上巴西里。
（檢見崎）

| 熱量 | 163kcal |
| 鹽分 | 0.9g |

2
培
養大腦與身體

麵包粉香烤鯖魚菇類
以加入了起司與巴西里的麵包粉烤得香氣四溢

| 熱量 | 245kcal |
| 鹽分 | 1.1g |

材料
鯖魚…2塊
杏鮑菇…2朵
大蒜…1瓣
A ┌ 麵包粉…2大匙
　│ 帕馬森起司粉…1大匙
　│ 巴西里（切碎末）、
　│ 　續隨子（切碎末）…各1小匙
　└ 橄欖油…2小匙
鹽、胡椒…各適量
檸檬（切半月形）…適量

作法
1 將杏鮑菇的長度切半，菌傘部分切半，菌軸部分切碎。大蒜切碎。
2 將A、大蒜和切碎的杏鮑菇菌軸放入大碗中，灑上鹽和胡椒後混合均勻。
3 鯖魚灑上鹽和胡椒，放在鋪了鋁箔紙的烤盤上，皮向下，在魚肉上放上2。在空位擺上杏鮑菇的菌傘部分，切口朝下，灑上鹽和胡椒，以烤箱烤8分鐘左右。
4 盛盤，在旁邊擺上檸檬。 （祐成）

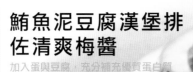

滿滿DHA的
魚料理

鮪魚泥豆腐漢堡排
佐清爽梅醬

加入蛋與豆腐　充分補充優質蛋白質

材料

A ┌ 鮪魚（做蔥花鮪魚用的鮪魚泥）…200g
　│ 板豆腐…1/4塊（75g）
　│ 雞蛋…1顆
　│ 麵包粉…4大匙
　└ 鹽、胡椒…各適量
洋蔥…1/4顆
白蘿蔔…10cm的長度
羊栖菜（乾燥）…3g
梅乾…2顆
柚子醋醬油…3大匙
細蔥…3根
蕃茄…1/2顆
小黃瓜…1/2根

作法

1 洋蔥切碎末，白蘿蔔磨碎。梅乾去籽。番茄切成半月
形，小黃瓜切薄片，細蔥切蔥花。羊栖菜以水發開後瀝乾
水分。

2 將A放入大碗中仔細搓揉，再加入洋蔥和羊栖菜混合
均勻。分成4等分後做成橢圓形。

3 將平底不沾鍋加熱，把2放入鍋中煎至兩面焦黃，蓋上
蓋子以小火悶煎4～5分鐘。

4 盛盤，在漢堡排上放上蘿蔔泥與梅乾，淋上柚子醋再灑
上蔥花，在旁邊擺上蕃茄與小黃瓜。　　　　　（鯉江）

| 熱量 | 505kcal |
| 鹽分 | 2.9g |

香辛料煮土魠

讓滿滿的香辛料吸飽魚的美味

材料

土魠…2塊（160g）
A ┌ 大蒜（切碎末）…1瓣
　│ 薑（切碎末）…1個指節的大小
　└ 蔥（切碎末）…1/2根
B ┌ 溫水…3/4杯
　│ 蠔油…1小匙
　│ 醬油…1/2小匙
　└ 胡椒…少許
芝麻油…1小匙
香菜…少許

作法

1 將芝麻油倒入平底鍋中以中火加熱，將
A下鍋炒，炒香後再加入B，轉大火。

2 煮滾後將土魠放入鍋中，再次煮滾後轉中
火，蓋上鍋蓋。不時將煮汁淋在魚肉上，煮
15分鐘左右。待煮汁收乾得差不多後關火，
盛盤，以香菜裝飾。　　　　　　　（檢見崎）

| 熱量 | 180kcal |
| 鹽分 | 0.7g |

簡單版鮪魚罐頭鹹派

以鮪魚罐頭和菇類補充DHA和維生素D

材料
雞蛋…3顆
鮪魚罐頭（低脂）…1罐
油菜花（或菠菜）…1/4束
蘑菇…3朵
豆漿…2大匙
起司粉…2大匙

作法
1　油菜花切掉莖較硬的部分後很快
燙熟，切成3cm的長度。蘑菇切薄
片。
2　將蛋打入大碗後打散，稍微瀝乾
鮪魚罐頭的湯汁後加入蛋液中，再加
入豆漿拌勻。把蛋液分成2等分，分
別倒入2個耐熱容器內，灑上1和起
司粉。
3　以烤箱烤15分鐘左右，在過程中
如果發現快燒焦的話，就在容器上蓋
上鋁箔紙。　　　　　　　　（鯉江）

| 熱量 | 208kcal |
| 鹽分 | 0.8g |

山葵拌鯖魚鴨兒芹

與富含鐵質的鴨兒芹
一起做成涼拌小菜

材料
鯖魚…1/2片
　（三片式切法的一半，100g）
鴨兒芹…1束（50g）
A ┌ 山葵醬…2小匙
　│ 芝麻油…1/2小匙
　└ 鹽…少許

作法
1　將鯖魚以烤魚器烤15分鐘左右，
將魚烤熟。稍微放涼後去皮去骨，將
魚肉弄碎。
2　鴨兒芹切成3cm的長度。
3　將1、2和A仔細拌勻即可。
　　　　　　　　　　　　（檢見崎）

| 熱量 | 119kcal |
| 鹽分 | 0.6g |

熱量 **557kcal**
鹽分 **2.2g**

鰹魚西洋菜蒜香辣椒橄欖油義大利麵

發揮大蒜風味的
大人口味義大利麵

材料

義大利麵（較細的種類）…160g
鰹魚…200g
大蒜（切薄片）…1瓣
西洋菜…2束（100g）
紅辣椒…1根
白酒…2大匙
胡椒…少許
鹽…適量
橄欖油…2小匙

作法

1　鰹魚切成1cm厚，灑上鹽和胡椒。西洋菜摘掉葉子，莖切小段。辣椒一半切碎，去籽。

2　以加了少許鹽的熱水煮義大利麵，比包裝上所寫的時間還要早1分鐘起鍋。

3　將橄欖油、大蒜與辣椒放入平底鍋以小火加熱，待大蒜變成金黃色後將之取出。

4　加入鰹魚，以木製鍋鏟像是將魚身弄碎般的炒熟，再加入西洋菜的莖一起炒。加入白酒、1/2杯 **2** 的煮麵水後煮1～2分鐘。

5　加入義大利麵和西洋菜的葉子，關火後拌勻，以鹽和胡椒調味，盛盤，在麵上灑上之前取出的大蒜。　　　　　（中村）

清爽菇類鋁箔燒

交給烤箱，做出多汁、又熱又香的料理

材料

菇類（香菇、舞菇、杏鮑菇等）…100g
甜椒（紅、黃）…各1/4顆
醋橘…1顆
柴魚片…1包（5g）
醬油…少許

作法

1　將菇類分成小塊或是切成容易入口的大小。甜椒切成一口大的大小。

2　將 **1** 分成2等分，分別放在兩張切成四角形的鋁箔上包好，以烤箱大約烤10分鐘左右，將所有料都烤熟。

3　將醋橘切半後擺在旁邊，灑上柴魚片，淋上醬油。　　　　　（鯉江）

熱量 **48kcal**
鹽分 **0.4g**

燉煮鮭魚
義大利麵

大量攝取也有
抗老化效果的鮭魚

材料

義大利麵…150g
鮭魚（甘鹽）…2塊
洋蔥…1/4顆
蓮藕…80g
乾香菇…2朵
芝麻油、白芝麻…各1大匙
味噌…2小匙
細蔥…3根

註：甘鹽，一種事先將魚類用鹽醃過，使之帶有
　　鹹味的處理法。

作法

1　鮭魚切成1cm的丁，洋蔥切碎末。蓮藕切
1cm的丁，泡水。乾香菇以3/4杯的溫水發開
後切碎末（發開香菇的水留下備用）。以加
入少許鹽（不包含在食譜份量內）的大量熱
水將義大利麵照包裝說明的時間煮熟。

2　將芝麻油倒入平底不沾鍋加熱，放入洋蔥
炒軟後再放入鮭魚、蓮藕、香菇翻炒。

3　加入味噌和發開香菇的水，煮到蔬菜變軟
為止，再加入義大利麵和芝麻混合均勻。

4　盛盤，灑上切成1cm長的細蔥。

（廣澤）

熱量 580kcal
鹽分 3.0g

熱量 158kcal
鹽分 0.9g

滿滿舞菇的西班牙烘蛋

以舞菇的膳食纖維和β葡聚醣提升免疫力

材料（使用直徑15cm的
平底鍋，1份的量）

雞蛋…2顆
舞菇…100g
洋蔥…1/4顆
大蒜…1瓣
鹽、胡椒…各適量
橄欖油…2小匙
檸檬（切半月形）
　…1/4顆
平葉巴西里、天然鹽
　…各適量

作法

1　將舞菇用保鮮膜包起，放入耐熱
容器中以微波爐加熱2分鐘左右，稍
微放涼後切粗末。把蛋打入大碗中，
加入所有舞菇所出的水，灑上鹽和胡
椒後攪拌均勻。

2　大蒜與洋蔥切碎末。

3　將1小匙橄欖油倒入較小的平底鍋
中加熱，將2下鍋炒，灑上鹽和胡
椒。

4　加入1的蛋液攪拌，變成半熟狀
態時蓋上鍋蓋將蛋悶熟，之後再翻面
煎。切半後盛盤，以平葉巴西里裝
飾，淋上1小匙橄欖油，灑上天然
鹽，在旁邊擺上檸檬。　（祐成）

熱量 **588kcal**
鹽分 **0.7g**

熱量 **145kcal**
鹽分 **1.0g**

民族料理風
鴻喜菇絞肉炊飯

炒好料後，接下來只要全都交給電子鍋就可以

材料（容易製作的份量）

米⋯360ml（2合）
豬絞肉⋯100g
鴻喜菇⋯1/2盒
薑⋯1個指節的大小
大蒜⋯1瓣
A ┌ 魚露、檸檬汁、砂糖
　 └ 　⋯各1小匙
芝麻油⋯1小匙
萵苣⋯2片
紫洋蔥⋯1/2顆
薄荷⋯適量

作法

1　薑、大蒜切碎末。鴻喜菇分成小塊。

2　將芝麻油倒入平底鍋中加熱，放入薑、大蒜和絞肉翻炒，再加入A、鴻喜菇繼續炒，關火後靜置冷卻。

3　將米洗好後放入電子鍋，將水加到刻度2，放上2後照一般方法將飯煮熟。

4　飯煮好後盛入器皿內，放上切碎的萵苣、紫洋蔥與薄荷，依喜好淋上魚露與檸檬汁。

（祐成）

南瓜優格沙拉

連營養豐富的皮一起吃！

材料

南瓜⋯1/8顆
核桃⋯4顆
葡萄乾⋯1大匙
A ┌ 原味優格⋯2大匙
　 │ 蜂蜜、亞麻仁油
　 │ 　⋯各1/2小匙
　 └ 鹽、胡椒⋯各適量

作法

1　南瓜切成一口大的大小，放入鍋中加少許水，蓋上鍋蓋以小火蒸熟。變軟之後取出放涼。

2　將A放入大碗中混合，加入1、敲碎的核桃和葡萄乾拌勻。　　　　（鯉江）

魩仔魚燴天津飯

木耳的維生素D含量在菇類中是最高的

材料

雞蛋…4顆
木耳（乾燥）…1g（大2～3片）
蔥…1/2根
A ┌ 水…2杯
　├ 雞湯粉…2小匙
　├ 鹽、胡椒…各少許
　└ 酒…1大匙
B ┌ 太白粉、水…各2大匙
芝麻油…2小匙
魩仔魚乾…3大匙
紅薑…適量
熱的雜糧飯…2個飯碗的量

作法

1 木耳用水發開後切細絲，蔥切蔥花。
2 將蛋打入大碗中打散，加入1混合。將芝麻油倒入平底鍋中加熱，把一半的蛋液倒入，將兩面煎熟，剩下的蛋液也如法炮製。
3 在小鍋中將A煮滾，將混合後的B加入勾芡。
4 將飯盛入器皿中，放上2，淋上3，再放上魩仔魚乾和紅薑。

（鯉江）

熱量 531kcal
鹽分 2.9g

熱量 85kcal
鹽分 0.7g

芡煮豆腐

以勾芡來增加份量感

材料

嫩豆腐…1塊
　（小塊，100g）
紅蘿蔔…50g
香菇…2朵（20g）
青江菜…1棵（150g）
湯塊…1/4個
鹽、胡椒…各少許
砂糖…1/4小匙
太白粉…1/2大匙

作法

1 紅蘿蔔切成長方形的薄片，香菇切成2～3mm的厚度。青江菜切成4～5cm的長度，梗先切半再縱切成5mm的厚度。
2 將1杯水倒入鍋中煮沸，加入湯塊溶解，再放入紅蘿蔔。豆腐直接放入後，以筷子切成一口大的大小。以中火煮7～8分鐘，開始滾了之後放入香菇、青江菜的梗，以鹽、胡椒和砂糖調味。
3 關火，太白粉以1倍量的水化開後加入鍋中，再度開火，一邊攪拌一邊勾芡。加入青江菜的葉子，煮到變軟即可。

（檢見崎）

櫻花蝦鹽昆布
一口小飯糰

也很推薦作為懷孕後期
一次無法吃太多時的補充食品

材料（略多的2人份，8顆的量）
熱的雜糧飯…350g（1合的量）
水菜…1棵（小）
鹽昆布…2大匙
櫻花蝦…2大匙
白芝麻…1/2大匙

作法
1 水菜切碎後放入大碗中，加入鹽昆布混合，如果變軟的話就擰去水分。
2 將熱飯與1、櫻花蝦、芝麻混合，分成8等分後做成圓形的小飯團。盛盤，如果有的話，配上甜醋薑片。（鯉江）

熱量 374kcal
鹽分 1.4g

納豆魩仔魚吐司&
蔬菜棒

將想在早上攝取的營養集中於一盤

材料
胚芽吐司（6片裝）
　…2片
納豆…2盒
魩仔魚乾…3大匙
海苔（切4片）…2片
小黃瓜…1根
紅蘿蔔…1/2根
芹菜…10cm的長度
核桃…6顆
A ┌ 味噌…1大匙
　├ 蜂蜜…2小匙
　└ 味醂…1小匙

作法
1 將吐司烤過，納豆加入魩仔魚乾攪拌後抹在吐司上，再放上海苔。
2 將小黃瓜、紅蘿蔔、芹菜切成棒狀。核桃切碎，與A混合後放在蔬菜棒旁邊。（鯉江）

熱量 451kcal
鹽分 3.5g

豆腐拌鴻喜菇

不論是和食還是洋食都百搭的副菜

材料

鴻喜菇…1盒（100g）

A ┌ 嫩豆腐…1/2塊
　├ 白芝麻醬…2大匙
　└ 白芝麻…2小匙

酒…1大匙

高湯醬油

（也可以使用醬油）

…1小匙

鹽…少許

作法

1 以手將鴻喜菇撕開。

2 將1與酒放入鍋中，開中火，將鴻喜菇炒軟。

3 將A放入研磨缽（或大碗）中攪拌均勻，加入高湯醬油。

4 加入稍微放涼的2，以鹽調味。　　　　　　　（渡邊）

熱量 184kcal
鹽分 0.7g

2

培

養大腦與身體

加上副菜的話
營養更加均衡

芝麻拌木耳
小黃瓜

讓拍過的小黃瓜裹上充滿香氣的芝麻醬

材料

木耳（乾燥）…5g

小黃瓜…1根

A ┌ 白芝麻…1又1/2大匙
　├ 薑泥…少許
　└ 醬油…1/2大匙

醬油…1/4小匙

熱量 84kcal
鹽分 0.8g

作法

1 木耳洗過後泡水發開，切成容易入口的大小。小黃瓜拍過之後切成一口大的大小。

2 將木耳泡入醬油中，之後瀝乾水分。

3 將A倒入大碗混合均勻，加入2和小黃瓜拌勻。

（藤井）

蒸雞肉紅蘿蔔
堅果沙拉

加上含有優質必需脂肪酸的堅果&亞麻仁油

材料

雞柳…2片
紅蘿蔔…1/2根
杏仁…10粒
巴西里（切碎末）
…適量

★淋醬
（可以淋3次的量）

醋…3大匙
亞麻仁油、蜂蜜
…各1大匙
洋蔥（磨碎）
…1/4顆
鹽…1/2小匙
粗磨黑胡椒…少許

熱量 132kcal
鹽分 1.1g

作法

1 雞柳去筋。在小鍋中倒入1/2杯水、少許酒（不包含在食譜份量內），放入雞柳後蓋上鍋蓋，開中火。水滾後轉小火，煮熟後就這樣冷卻備用，之後用手撕成容易吃的條狀。

2 紅蘿蔔以擦菜板切成細絲，灑上少許鹽（不包含在食譜份量內），待變軟後擰乾水分。

3 將淋醬的材料仔細混合均勻。

4 將1、2放入大碗裡，加入1/3量的3拌勻，盛盤。灑上切碎的杏仁與巴西里。　　　　　　（鯉江）

讓媽媽與寶寶的骨骼變強健

形成骨骼和牙齒的鈣質是日本人容易缺乏的營養素,如果不積極地加以攝取,
對於媽媽產後的身體會造成很大的傷害!

Keyword

鈣質

1日建議攝取量為

650mg

孕期中的鈣質不足與罹患
骨質疏鬆症的風險息息相關

鈣質是形成骨骼和牙齒的主要成分,由於
不足的部分會由母體的骨骼提供,所以對
胎兒的發育不會有太大的影響。但是媽媽
身體的骨量降低,有可能會成為將來骨質
疏鬆症的高風險族群。若是鈣質明顯不
足,也有可能會對寶寶的牙齒或骨骼的成
長產生影響。由於鈣質是日本人容易攝取
不足的營養素,必需積極地攝取才行。

**在授乳期也是
必要不可缺少的**

鈣質在產後也是非常重要的!
授乳後是強化骨質的好機會

從懷孕期間到授乳期間,會由母體供給大
量的鈣質給胎兒,若是持續的營養不足,
媽媽的骨骼就有可能變得空洞!授乳之後
對於補充骨骼的鈣質吸收率會提高,所以
在產後也要確實地多攝取鈣質與優質蛋白
質。

讓骨骼強健的
3 個重點

1 確實攝取鈣質

除了乳製品外,鈣質也存在於大豆製品、魚類、深綠色蔬菜等
各種食材中。但是每種食材的吸收率有所不同。維生素D或蛋白
質,與醋或檸檬所含有的檸檬酸加以組合,有效率的攝取吧。

吸收率低的食材,
就與優質蛋白質加以組合

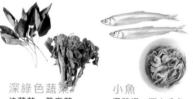

深綠色蔬菜
油菜花、黃麻菜
吸收率約18%

小魚
櫻花蝦、西太公魚
吸收率約30%

牛奶、乳製品
牛奶、起司、優格
吸收率約50%

牛奶或乳製品的吸收率雖然高,但熱量也高,要注意不要吃太多。由於優質蛋
白質可以提高鈣質的吸收率,推薦將吸收率低的小魚或乾貨、深綠色蔬菜等與肉或
魚加以組合的作法。

2 與可以提高
吸收率的
維生素D一起攝取

維生素D在肝臟與腎臟會變為活性型維生素D,可以
幫助鈣質的吸收並使它附著於骨骼或牙齒裡。若是維
生素D不足,即使攝取鈣質,吸收與代謝都會變差,
成為骨軟化症的原因。在菇類或鮭魚、鰹魚、乾香菇
中含有較多的維生素D。

3 多曬太陽
促進維生素D的活性化

要使骨骼強健,多曬太陽也是很重要的。養成1天散步10～30分鐘左右的習慣,
促進維生素D活性化吧。適度的健走對於培養生產時所需的體力也是很有幫助
的。

紫蘇芝麻拌蕃茄
與卡芒貝爾起司

酸酸甜甜的蕃茄
與濃厚的起司非常搭

材料

蕃茄…2顆（小）
卡芒貝爾起司
…100g
青紫蘇…4片
A 白芝麻…2大匙
　 鹽…1/4小匙
　 芝麻…1小匙

作法

蕃茄切成8等分
的半月形，與撕
成一口大小的卡
芒貝爾起司和青
紫蘇、A拌勻即
可。

鈣質	425mg
熱量	294kcal
鹽分	1.8g

蛋炒干貝與蘆筍

口感彈嫩的干貝，加上可以
引起食慾的大蒜香氣

鈣質	42mg
熱量	334kcal
鹽分	2.1g

材料

干貝（生食用）…200g
綠蘆筍…4根
雞蛋…2顆
大蒜…1瓣
奶油…10g
醬油、味醂…各1大匙
鹽、胡椒、麵粉…各少許
油…1又1/2大匙

作法

1　蘆筍切去根部大約1cm左右，削去硬皮之後斜切成4cm的長度。大蒜切
薄片。干貝橫切成一半的厚度，裹上鹽、胡椒與麵粉。蛋打入碗中後加2
大匙水打散。

2　將1大匙油倒入平底鍋中以中火加熱，將1的蛋炒至半熟狀後起鍋備
用。

3　擦乾淨鍋子，將奶油與1/2大匙的油加入鍋中，將大蒜炒至金黃色後放
入干貝將兩面很快的煎一下。加入蘆筍後翻炒，再加入醬油、味醂混合
後，加入2的蛋，大致的拌一下。　　　　　　　　　　　　　（中村）

鯷仔魚高麗菜義大利麵

使用礦物質豐富、口感彈牙的全粒粉義大利麵

鈣質 164mg
熱量 543kcal
鹽分 2.5g

材料

義大利麵（使用全粒粉義大利麵）…160g
乾燥鯷仔魚…40g
高麗菜…3片
大蒜（切末）…1大匙
巴西里（切末）…2大匙
白酒…1/4杯
鹽、胡椒…各少許
橄欖油…3～4大匙

作法

1　將2大匙橄欖油與大蒜放入平底鍋中以中火加熱，當油起泡時轉小火，慢慢將大蒜炒到變成金黃色。

2　加入一半的乾燥鯷仔魚，不時攪拌，將乾燥鯷仔魚炒至酥脆。剩下的乾燥鯷仔魚則在另一鍋以加熱的橄欖油炸成金黃色。

3　高麗菜切塊。在鍋中注入大量的水煮沸，加入少許鹽（不包含在食譜份量內），把高麗菜很快的燙過（熱水留著備用），之後加入2的平底鍋拌炒。以同樣那鍋水將義大利麵照包裝說明的時間煮好。

4　在3的平底鍋裡加入白酒與1/2杯煮麵水，開中火將湯汁煮到剩1/3的量為止，加入巴西里（留一點點作為裝飾用）混合。

5　加入煮好的義大利麵，以非常少量的鹽與胡椒調味。盛盤，灑上炸好的乾燥鯷仔魚與巴西里。　　　　（片岡）

蕃茄莫札瑞拉
起司沙拉

可以將人氣前菜做得更美味的本格食譜

材料

水果蕃茄…2顆
莫札瑞拉起司…80g
鹽漬鯷魚…2尾
洋蔥（切薄片）…1/8顆
羅勒葉…2～3片
檸檬汁…少許
鹽、胡椒…各少許
法式淋醬（市售品）…1大匙
橄欖油…2大匙

作法

1　蕃茄放在冰箱冰透，去蒂後縱切成兩半。灑上鹽和胡椒，滴上檸檬汁。洋蔥泡水後瀝乾水分。

2　在蕃茄上放上撕成小塊的鯷魚，切成4等分的莫札瑞拉起司，再堆上洋蔥。

3　將羅勒葉切碎後放上，最後淋上法式淋醬與橄欖油。　　（片岡）

鈣質 241mg
熱量 281kcal
鹽分 1.3g

菇類長蔥親子丼

因為料很多，只要吃這一碗就營養滿點！

材料
雞腿肉…1片（250g）
雞蛋…3顆
鴻喜菇…1/2盒
蔥…1根
A ┌ 高湯…1杯
  └ 醬油、酒、味醂…各2大匙
熱的金芽米飯…飯碗2碗的量

作法
1 雞肉切成一口大的大小，蛋打散。鴻喜菇分成小塊。蔥白部分斜切成1cm的厚度，綠色部分斜切成細絲。
2 將 A 放入鍋中煮滾，將雞肉、鴻喜菇和蔥白部分放入煮5分鐘。
3 煮汁收乾至一半的量時，將蛋汁均勻倒入後關火，加入蔥的綠色部分，蓋上鍋蓋靜置1分鐘。
4 將飯盛入器皿中，放上 3。

（鯉江）

鈣質 79mg
熱量 589kcal
鹽分 3.2g

青江菜竹筍蜆湯

滋味深奧的蜆高湯讓人有種安心感

材料
蜆…150g
青江菜…1棵
竹筍…1/2根（小）
薑（切絲）…1個指節的大小
鹽、胡椒…各少許
酒…1大匙
芝麻油…1小匙

作法
1 將蜆泡在濃鹽水中使之吐砂，之後將蜆互相磨擦仔細搓洗。
2 將青江菜的葉與梗分開，菜葉切成一口大的大小，菜梗切成8等分，以水仔細將泥土洗淨。
3 竹筍縱切薄片，以加了少許鹽和酒（皆不包含在食譜份量內）的熱水煮熟。
4 將芝麻油倒入鍋中加熱，很快的將薑炒過後，放入 2 的菜梗和 3 翻炒。
5 加入 1 與酒、2杯水煮2～3分鐘，再加入 2 的菜葉，以鹽和胡椒調味。

（館野）

鈣質 85mg
熱量 50kcal
鹽分 0.5g

鈣烤鱈魚

配上檸檬提高鈣質的吸收率

材料
鱈魚…2塊
櫻花蝦…1大匙
A ┌ 麵包粉…2大匙
│ 巴西里（切碎末）…2小匙
│ 芝麻醬…1小匙
└ 胡椒…少許
鹽、胡椒…各少許
檸檬…1/2顆

作法
1　鱈魚去皮後分成兩等分，灑上鹽和胡椒，放入耐熱容器中。
2　櫻花蝦乾炒之後切碎。
3　在大碗中將2和A混合後抹在1的鱈魚上。
4　以烤箱將3烤8分鐘左右（如果顏色烤得過深，中途可以拿出來在魚上面蓋上鋁箔紙）。
5　盛盤，依喜好灑上切碎的巴西里，在旁邊擺上切成半月形的檸檬。　　　　（祐成）

鈣 84mg
熱量 100kcal
鹽分 0.6g

白菜燉飯

以鎂含量豐富的白菜促進鈣質吸收

材料
白飯…未裝滿飯碗
　2碗的量
白菜…1/8棵
培根…2片
大蒜…1瓣
湯塊…1/2塊
起司粉…5大匙
奶油…20g
鹽、胡椒…各少許
橄欖油…1大匙

作法
1　白菜切成橫1cm的寬度，燙過之後瀝乾，再加以擰去水分。培根切成2cm的寬度，大蒜切碎末。
2　將橄欖油與奶油放入鍋中以中火融化，加入大蒜炒香後再加入培根翻炒。
3　培根的油脂溶出後加入白飯拌勻，加入1又1/2杯溫水和湯塊，轉較弱的中火煮1～2分鐘。
4　加入起司粉，試一下味道後加入鹽和胡椒調整，盛入器皿中後放上1的白菜，混合均勻後食用。　　　　（古口）

鈣 247mg
熱量 522kcal
鹽分 2.1g

菇類燉飯

吸收了菇類美味燉飯是絕品！

材料
發芽糙米飯…150～200g
菇類（杏鮑菇、蘑菇、金針菇等）
　…合計2盒的量
洋蔥…1/2顆
巴西里（切碎末）…1/2杯
牛奶…1杯
法式高湯粉…1又1/2小匙
帕馬森起司、粗磨黑胡椒
　…各適量
奶油…1大匙
鹽…少許

作法
1　洋蔥切薄片，菇類切成容易入口的大小。
2　將奶油放入鍋中融化，加入 **1** 慢慢的炒，再加入牛奶、湯粉和糙米飯一邊攪拌一邊煮。煮到湯汁收乾後加入巴西里，以鹽和胡椒調味。
3　盛盤，灑上帕馬森起司粉和胡椒。
（Horie）

鈣質 259mg
熱量 264kcal
鹽分 1.2g

起司烤西太公魚

從頭到尾巴，一整條魚！滿滿的鐵質

材料
西太公魚…12尾（180g）
小蕃茄…3顆
帕馬森起司
　（或Pizza用起司）…20g
粗磨黑胡椒…適量

作法
1　西太公魚用水洗淨後擦乾。
2　小蕃茄切成厚3～4mm的圓片，起司切薄片。
3　在烤箱的烤盤上鋪上烤盤紙，將 **1** 併排放上後，在魚身上放上 **2**，灑上胡椒，烤7～8分鐘直到起司融化、魚變得酥脆。

（檢見崎）

鈣質 539mg
熱量 125kcal
鹽分 0.8g

蒟蒻絲豆乳麵

以蒟蒻絲增量，讓這道料理更健康

鈣質	181mg
熱量	244kcal
鹽分	2.5g

材料

煮好的烏龍麵…1球
蛤蜊…200g
蒟蒻絲…150g
紅蘿蔔…1/2根
切好的裙帶菜…5g
細蔥…1/2束
大蒜…1瓣
紅辣椒…1根
豆漿（無調整）…1杯
雞湯粉…1小匙
醬油、味醂…各1小匙
芝麻油…1/2大匙

作法

1 蛤蜊吐砂後，仔細搓洗蛤蜊的殼。裙帶菜以水發開，之後瀝乾水分。

2 蒟蒻絲先煮過，紅蘿蔔以削皮刀削成帶狀。大蒜切薄片，裙帶菜切塊，蔥切蔥花，辣椒去籽。

3 將芝麻油、大蒜與辣椒放入鍋中加熱，飄出香味後將1、1又1/2杯的水、雞湯粉、蒟蒻絲、紅蘿蔔、裙帶菜加入煮滾。

4 加入烏龍麵與豆漿將之加熱後，以醬油和味醂調味，最後灑上蔥花。　　　　（Horie）

柳葉魚蔬菜南蠻漬

只需要煎過再醃漬即可，不需事先處理也是它的優點

材料

柳葉魚…6尾
洋蔥…1/2顆
芹菜…1根
紅蘿蔔…1/2根
A ┌ 砂糖…1小撮
　│ 水、醋…各2大匙
　│ 味醂、醬油
　│ 　…各1大匙
　│ 紅辣椒
　│ （切辣椒圈）
　└ 　…少許
芝麻油
　…多於1大匙的量

作法

1 洋蔥切半月形、芹菜去筋後斜切成厚1cm的片狀，紅蘿蔔切長方片狀。

2 將A在平底淺盤混合。

3 將1大匙芝麻油倒入平底鍋中加熱，將1炒3～4分鐘，之後平鋪在2的淺盤裡。

4 同一個平底鍋內再加入少許芝麻油，將柳葉魚的兩面煎至酥脆後放入3裡，靜置15分鐘以上使之入味。

（館野）

鈣質	249mg
熱量	230kcal
鹽分	2.1g

香炒蠶豆雞肉

確實攝取成為
骨骼基礎的優質蛋白質

材料
蠶豆（去豆莢）…150g
雞胸肉（去皮）…1片（150g）
小蕃茄…7～8顆
木耳（乾燥）…5g
大蒜…1瓣
薑…1個指節大小
A ┌ 酒…1大匙
  │ 鹽、砂糖…各少許
  └ 太白粉…1小匙
鹽、胡椒…各少許
芝麻油…1大匙

作法
1 以水果刀在蠶豆的黑色部分淺淺劃一刀，以加了鹽（不包含在食譜份量內）的熱水很快的燙過，撈起後很快的泡水冷卻，將皮剝掉。
2 雞肉切成一口大大小的片狀，沾裹上 A。
3 木耳以水發開，切成容易入口的大小。大蒜和薑切碎末。
4 將芝麻油倒入平底鍋中加熱，將大蒜與薑放入很快的炒過，加入 2 以中火炒3～4分鐘。
5 雞肉熟了之後，加入 1、小蕃茄和木耳很快的炒過，以鹽和胡椒調味。　　　　　（館野）

鈣質	27mg
熱量	251kcal
鹽分	0.9g

烤秋刀魚香菇拌飯

可以攝取到大量維生素D的強力組合

材料（容易製作的份量）
米…360ml（2合）
秋刀魚…2尾
乾香菇…2朵
高湯…330ml
A ┌ 白果…10顆
  │ 昆布…10cm的長度
  │ 日本酒、醬油
  └ （減鹽）…各1大匙
薑（切非常細的細絲）
　…2大匙

作法
1 將香菇泡在高湯中15分左右發開，去掉菌軸後切細絲。
2 將洗好的米、1 的高湯、香菇、A 放入土鍋中，開強火，煮滾後轉小火煮15分鐘，關火後再悶15分鐘。
3 秋刀魚烤好後將魚肉弄散，放在已經盛好的 2 的飯上，再放上大量的薑。　　（祐成）

鈣質	24mg
熱量	462kcal
鹽分	1.1g

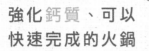

鈣質	667mg
熱量	283kcal
鹽分	2.7g

蛤蜊與白蘿蔔、
蘿蔔葉芝麻味噌鍋

以削皮刀將白蘿蔔削成薄片是省時的要點。
吃到最後時推薦改變一下習慣使用日本蕎麥麵做結

材料

蛤蜊…300g
板豆腐…1塊
白蘿蔔…300g
白蘿蔔葉…200g
A 高湯…3杯
　白芝麻…3大匙
　味噌…2大匙
　味醂、酒…各1大匙

作法

1　蛤蜊泡在相當於海水濃度的鹽水中，放在陰暗處2～3小時使之吐砂。豆腐切成一口大的大小。白蘿蔔以削皮刀削成長條狀的薄片。蘿蔔葉很快燙過後切成2cm的長度。
2　將A放入鍋中攪拌均勻，放入仔細搓洗過的蛤蜊後開火。
3　煮至蛤蜊開口後加入豆腐與白蘿蔔，熟了後再灑上蘿蔔葉與少許芝麻（不包含在食譜份量內）後即可食用。（藤井）

註：日本在吃火鍋時，習慣在最後將飯、烏龍麵倒入湯中煮熱後食用。

濃稠豆乳鍋

火鍋料吸滿了
溶進了美味的湯頭

鈣質 135mg
熱量 294kcal
鹽分 4.0g

材料
鱈魚…2塊
紅蘿蔔…1根（120g）
裙帶菜（鹽漬）…20g
細蔥…30g
山藥（磨成泥）…150g
高湯…1又1/2杯
A ┌ 豆漿…1又1/2杯
  │ 味醂…1又1/2大匙
  └ 味噌…3大匙

作法
1 鱈魚切成一口大大小的片狀，紅蘿蔔削皮後以削皮刀削成長條狀的薄片。裙帶菜浸泡在大量的水裡5分鐘左右去除鹽分，之後切成容易入口的長度。細蔥切成4～5cm的長度。

2 將高湯一點一點加入山藥泥中攪拌使之產生黏性，再加入A混合均勻。

3 將2倒入鍋中煮沸，再放入1下去煮。 （中村）

鈣質 157mg
熱量 215kcal
鹽分 1.8g

豆乳湯豆腐

有著深度滋味的濃稠豆乳
讓食材的美味變得單純

材料
春菊（茼蒿）…100g
金針菇…80g
淺蔥…1/2束
嫩豆腐…1塊
豆漿…2杯
柚子醋醬油…適量
山椒鹽…適量
　（1大匙鹽混合
　1/2小匙山椒而成）
　…適量

作法
1 春菊摘下葉子。金針菇、淺蔥切成5cm的長度，豆腐切成6等分。

2 將豆漿倒入土鍋中，放入豆腐、金針菇、春菊和淺蔥後煮滾。

3 煮熟後盛入器皿中，沾柚子醋醬油或山椒鹽食用。 （祐成）

註：淺蔥，蝦夷蔥的變種。

鮮蝦馬鈴薯
味噌焗烤

馬鈴薯在營造濃稠感上大展身手！
味噌有深度的味道讓醬汁更上一層樓

材料
蝦子（帶殼）…8尾（250g）
洋蔥…1/4顆
馬鈴薯…2顆（250g）
綠蘆筍…3根
牛奶…1又1/2杯
奶油…20g
味噌、起司粉…各2大匙
鹽、胡椒…各少許

作法
1 以竹籤挑去蝦背的腸泥，去蝦殼，
留下蝦尾，灑上鹽、胡椒。洋蔥切薄
片。馬鈴薯切絲，蘆筍斜切成3cm的長
度。
2 將奶油放入平底鍋中融化，將洋蔥
下鍋以中火炒至變軟，放入馬鈴薯稍微
炒一下後加入牛奶。
3 一邊攪拌一邊煮，開始變濃稠後加
入 1 的蝦子、蘆筍稍微煮一下後將味噌
溶解加入。
4 將 3 裝入耐熱容器中，灑上起司粉
以烤箱烤10分鐘。　　　　（中村）

鈣質	342mg
熱量	474kcal
鹽分	3.7g

蓮藕濃湯

順喉的口感與溫柔的甜味能療癒人心

材料
蓮藕
　…1節（小，100g）
蔥…1/2根
牛奶…1杯
奶油…5g
法式高湯粉…1小匙
鹽…1/2小匙
粗磨黑胡椒、巴西里
　（切碎末）…各適量

作法
1 蓮藕去皮後磨碎。
蔥切薄片。
2 將奶油放入鍋中融
化，將蔥炒到變軟，再
放入蓮藕、1杯水、湯
粉煮10分鐘。
3 加入牛奶，煮滾後
以鹽調味後盛入器皿
中，灑上胡椒與巴西里
即可。　　　（中村）

鈣質	133mg
熱量	131kcal
鹽分	2.3g

波菜茶碗蒸

在鮮豔的綠色茶碗蒸上
淋上絞肉芡汁

材料（容易製作的份量，3人份）
菠菜…100g
雞絞肉…50g
雞蛋…1顆
牛奶…1杯
A┌ 酒、味噌、蜂蜜、薑
　└（切碎末）…各2小匙
高湯…1/2杯
太白粉…1小匙
鹽…1/4小匙

作法
1　波菜切大塊後放入果汁機內，加入牛奶、鹽打到變得滑順。倒入耐熱容器中，不要蓋上保鮮膜，用微波爐加熱2分鐘左右。
2　將蛋打散，加入1中攪拌後，再倒入器皿中。
3　在鍋裡鋪上廚房紙巾，倒入高約2cm的水，將2放後開火，水滾後蓋上鍋蓋但稍微留一點縫隙，把火轉小蒸15分鐘。以竹籤刺入，如果冒出來的是清澈的液體即是完成。
4　在別的鍋子裡放入絞肉和A，攪拌均勻後開火，當絞肉變得粒粒分明時加入高湯煮滾，再以1大匙水溶解太白粉加入鍋中勾芡，最後淋在3上。　　（Horie）

鈣質	110mg
熱量	136kcal
鹽分	1.2g

材料
鮭魚…2塊
小芋頭…6顆
青江菜…1棵
A┌ 牛奶、水…各1/2杯
　└ 雞湯粉…1/2小匙
薑汁…1小匙
鹽、胡椒…各適量
以水化開的太白粉…適量
芝麻油…1小匙

中式奶油
煮小芋頭與鮭魚

以牛奶和太白粉水
營造輕柔的口感

鈣質	129mg
熱量	224kcal
鹽分	1.6g

作法
1　小芋頭切半，以少許鹽（不包含在食譜份量內）搓揉後用水洗淨，用保鮮膜包起，以微波爐加熱3分鐘左右。
2　在鮭魚上灑上鹽和胡椒，青江菜縱切成4等分。
3　將芝麻油倒入平底鍋中加熱，將鮭魚放入鍋中煎至兩面上色後取出。
4　在同一個平底鍋裡放入小芋頭，煎到兩面都上色後加入A與青江菜，鹽和胡椒各少許，再加入薑汁很快的煮一下，再加入太白粉水勾芡。
5　將鮭魚、小芋頭和青江菜盛盤，淋上4的湯汁。　　（祐成）

鈣質	83mg
熱量	402kcal
塩分	1.4g

鈣質	356mg
熱量	236kcal
塩分	1.3g

豆乳煮雞胸高麗菜 與杏鮑菇

既能有效率的攝取鈣質，也能吃到大量蔬菜

材料

雞胸肉…1片
高麗菜…2片
杏鮑菇…2根
洋蔥…1/2顆
大蒜…1瓣
豆漿（或牛奶）
　…3杯
湯塊…1塊
鹽、胡椒…各少許
油…1小匙

作法

1　雞肉切成一口大的大小，灑上鹽和胡椒。大蒜切末。

2　高麗菜切大塊，杏鮑菇和洋蔥切薄片。

3　將油倒入鍋中加熱，以中火炒1，再加入大蒜、洋蔥很快的炒一下，之後加入豆漿，高麗菜、杏鮑菇和湯塊煮到滾。

4　煮滾後轉小火煮15～20分鐘。盛盤，依喜好灑上胡椒、切成碎末的巴西里。　　　　　　　　（森）

乾蘿蔔絲歐姆蛋

可以享受乾物口感的和風歐姆蛋

材料

雞蛋…2顆
乾蘿蔔絲…20g
細蔥（切蔥花）
　…20根（30g）
櫻花蝦…3大匙
牛奶…1/2杯
脫脂奶粉…15g
薑（切碎末）
　…1小匙
太白粉…1/2大匙
醬油…1/2大匙
油…2小匙

作法

1　在裝了水的大碗裡仔細搓洗乾蘿蔔絲，不要擰去水分直接撈起，靜置5分鐘後切成1cm的長度。

2　將1與牛奶放入稍大的耐熱容器裡，不蓋上保鮮膜，直接用微波爐加熱4分鐘左右。加入醬油後靜置，直到乾蘿蔔絲將所有水分都吸收。

3　在別的大碗裡放入等量的太白粉與水混合後，再放入蛋、2、細蔥、櫻花蝦、脫脂奶粉與醬油，仔細攪拌均勻。

4　將油倒入平底鍋中加熱，將3一口氣倒入，在蛋液變成半熟以前以筷子畫大圓不斷攪拌，蓋上鍋蓋後將火轉小，煎1～2分鐘，之後翻面再繼續煎。切成容易食用的大小後盛盤。

（Horie）

骨質 203mg
熱量 124kcal
塩分 0.9g

骨質 169mg
熱量 190kcal
塩分 2.4g

蝦仁鑲豆腐

湧出的滿滿湯汁讓人忍不住讚嘆

材料

凍豆腐…2塊
蝦仁…100g
香菇…2～3朵
紅蘿蔔…1/3根
蛋白
　…1顆的量
高湯…1杯
太白粉…2小匙
鹽…適量
酒、醬油
　…各1大匙
味醂
　…1又1/2大匙
煮過的油菜花
　…適量

作法

1　凍豆腐泡溫水使之恢復原狀後以手擰乾水分。為了塞進餡料，以菜刀將凍豆腐的正中間劃開。
2　以菜刀將蝦仁剁碎。香菇、紅蘿蔔切碎末。
3　將 **2**、蛋白、太白粉、1/2大匙的酒、一撮鹽放入大碗中，以手揉捏直到黏性產生。
4　將 **3** 塞進 **1** 的切口。
5　將高湯、1/2大匙的酒、醬油、味醂倒入鍋中，開火，以鹽調味，放入 **4** 後蓋上鍋蓋，以小火燉煮使之入味。
6　凍豆腐吸飽煮汁後切半，與湯汁一起盛盤，在旁邊擺上油菜花。

（高橋）

蛋炒小松菜木耳

三兩下就能完成，既能當主菜也能當副菜

材料

小松菜…200g
木耳（乾燥）
　…5g（7～8朵）
雞蛋…2顆
湯塊…1/4塊
鹽、胡椒…各少許
油…1/2大匙

作法

1　小松菜切成4～5cm的長度，木耳用水發開，切成一口大的大小。以1/4杯溫水將湯塊溶解。
2　將油倒入平底鍋中加熱，以大火炒小松菜和木耳，料都沾到油後加入湯汁，蓋上鍋蓋蒸煮1分鐘左右。
3　打開鍋蓋，確認小松菜煮軟後倒入打散的蛋，像是畫大圓般的攪拌，最後以鹽和胡椒調味。

（檢見崎）

儲存鈣質！
變化球料理

鈣質 190mg
熱量 216kcal
鹽分 2.1g

鈣質 199mg
熱量 324kcal
鹽分 1.2g

韓式乾蘿蔔絲
炒小松菜

讓湯汁飽含蘿蔔絲的鮮味

材料

乾蘿蔔絲…20g
小松菜…2束
紅蘿蔔…1根
白芝麻…1大匙
A ┌ 發開乾蘿蔔絲的水
  │   …1/2杯
  │ 醬油…1又1/2大匙
  └ 酒…1大匙
芝麻油…2大匙

作法

1 輕輕的用水沖洗乾蘿蔔絲，長度如果過長的話，切成5cm左右的長度後以大量的水發開。

2 小松菜切成5cm的長度，紅蘿蔔切成5cm的絲。

3 將1大匙油倒入鍋中加熱，翻炒2。

4 將混合好的A倒入小鍋中加熱，沸騰後加入擰乾水分的1，一邊炒一邊煮。

5 加入3與芝麻、1大匙芝麻油翻炒混合。　　　（高橋）

韓式鰻魚細蔥煎餅

也可將鰻魚換成花枝或豬肉

材料

鰻魚…1串（80g）
細蔥…1束
打散的蛋…2顆的份量
A ┌ 米醋…1大匙
  │ 白芝麻、醬油（減鹽）
  │   …各2小匙
  │ 砂糖…1小匙
  │ 大蒜（磨碎）
  └   …少許
麵粉…2大匙
芝麻油…2小匙

作法

1 鰻魚切成一口大的大小。

2 細蔥切成3等分，沾裹上鋪在平口淺盤裡的麵粉後，沾一下蛋液。

3 將芝麻油倒入平底鍋中加熱，把2的蔥排列在鍋中，以湯匙將剩餘的蛋液薄薄的淋上後放上1，蓋上鍋蓋以較弱的小火將兩面煎脆。

4 切成容易食用的大小，盛盤，淋上混合好的A。

（祐成）

豆豆玉米湯

只要使用罐頭，本格派的濃厚湯品也能迅速完成

材料
洋蔥…1/4顆
混合豆類罐頭
　…1罐（120g）
玉米醬罐頭
　…1罐（小，190g）
牛奶…1/2杯
奶油…10g
鹽…1/4小匙
胡椒…少許

作法
1　洋蔥切成1cm的丁。
2　將奶油放入鍋中以小火融化，將**1**炒到變軟，加入混合豆類罐頭與玉米醬罐頭、1/2杯水，以中火煮滾。
3　加入牛奶，以鹽和胡椒調味後盛入器皿中，依喜好灑上切成碎末的巴西里。
（中村）

鈣質 101mg
熱量 260kcal
鹽分 1.6g

菠菜豆類托斯卡尼蔬菜湯

托斯卡尼地方冬天必備的湯品。可以溫暖身心的1品

材料
洋蔥…1/2顆
紅蘿蔔…1/2根
馬鈴薯…1顆
菠菜…1束
白腰豆罐頭…1/2罐
法國麵包…1cm厚4片
　（變硬的也沒關係）
湯塊…1塊
鹽…1小撮
橄欖油
　…1又1/2大匙

作法
1　洋蔥、紅蘿蔔、馬鈴薯切成1cm的丁，菠菜切碎。
2　將1大匙橄欖油與**1**放入平底鍋，開火，炒到甜味釋出，加入湯塊和2杯水後煮20分鐘。
3　在另外一個鍋子裡放入豆子、1杯水、1/2大匙橄欖油與鹽煮10分鐘，之後以食物調理機打碎。
4　在容器中放入烤過的法國麵包，放入**2**後再倒入**3**，依喜好滴上橄欖油，灑上胡椒。
（Horie）

鈣質 75mg
熱量 307kcal
鹽分 1.5g

2
骨
骼變強健

鈣質 55mg
熱量 110kcal
鹽分 1.0g

鈣質 164mg
熱量 149kcal
鹽分 0.7g

凍豆腐唐揚

外脆內多汁！讓人停不下來的美味

材料
凍豆腐…1塊
A 醬油…2小匙
　酒…1小匙
　和風高湯粉…少許
　大蒜（磨碎）
　　…少許
太白粉、油…各適量

作法
1　將凍豆腐放入熱水中發開，以兩手手掌包住，用力將水擠乾，切成骰子形。
2　將**A**倒入大碗中仔細混合均勻後放入**1**，以手掌輕壓，讓凍豆腐吸入醬汁後瀝乾水分，裹上太白粉。
3　將油倒入平底鍋中加熱至中溫，將**2**炸到酥脆後盛盤，依喜好在旁邊擺上檸檬。
（Horie）

蔥蛋捲柳葉魚

連骨頭都能吃的小魚類是鈣質的寶庫

材料
柳葉魚…4尾
A 雞蛋…2顆
　細蔥（切蔥花）
　　…2大匙
　高湯…1大匙
　太白粉…1小匙
油…適量

作法
1　將柳葉魚整尾用烤魚器烤過。
2　將**A**倒入大碗中仔細混合均勻。
3　將油薄薄抹一層在煎蛋用的平底鍋上，以紙很快的抹去多餘的油，將1/4的**2**倒入鍋中，待蛋液表面起泡後放上柳葉魚將之捲起。其餘的蛋液與柳葉魚也如法炮製。
（祐成）

常備菜食譜

沒有心力下廚時，或是「還想再加1道菜」時，只要有做好放在冰箱裡的常備菜就能讓人安心！
以下就介紹幾道可以補充孕期中身體所需營養的優秀菜色

含有豐富鈣質和鐵質的
和食定番小菜

煮羊栖菜

冷藏
4～5日
冷凍
3星期

材料（容易製作的份量）

芽羊栖菜（乾燥）…20g
紅蘿蔔…1/3根
油豆皮…1片
A ┌ 高湯…3/4杯
　│ 醬油、味醂
　│ 　…各2大匙
　└ 紅糖…1/2大匙
油…1小匙

作法

1　羊栖菜以大量的水發開後瀝乾水
分。紅蘿蔔切細絲。油豆皮燙過去油
後也切成細絲。
2　將油倒入鍋中加熱，將 1 下鍋
炒，再加入 A。煮滾後把火轉小，讓
鍋中維持會咕嘟咕嘟冒泡的狀態，蓋
上落蓋煮5～8分鐘。　　　（鯉江）

直接放在飯上也好吃，
拌飯也好吃

雞肉鬆

冷藏
4～5日
冷凍
2星期

材料（容易製作的份量）

雞絞肉…200g
薑（磨碎）…1個指節的量
高湯…4大匙
酒…1大匙
紅糖、醬油…各2小匙

作法

將所有的材料放入鍋中仔細拌
過後開火，以筷子一邊攪拌一
邊將雞肉煮熟，將湯汁收乾。

（鯉江）

恰到好處的酸甜滋味。
用來帶便當也很方便

多彩漬蔬菜

冷藏
1～2星期
冷凍
不適合

材料（容易製作的份量）

小黃瓜…1根
紅蘿蔔…1/3根
甜椒（紅、黃）…各1/2顆
A ┌ 醋、水…各3/4杯
　│ 紅糖…2大匙
　│ 鹽…1小匙
　│ 紅辣椒…1根
　└ 月桂葉…1片

作法

1　將小黃瓜的長度切成3等分後再
各自切成1/4的條狀。紅蘿蔔也切成
像是小黃瓜一樣的條狀。甜椒縱切
成寬1cm的條狀。把這些全部放入
可密閉的容器中排好。
2　將 A 倒入鍋中煮滾，趁熱倒入
1，放涼後再蓋上蓋子，放入冰箱
靜置一晚。　　　　　　　（鯉江）

捲起3色蔬菜，色彩繽紛。
也可以使用豬肉來做

牛肉蔬菜捲

冷藏
4～5日
冷凍
2星期

材料（容易製作的份量）

薄切牛里脊肉…150g
紅蘿蔔…1/4根
綠蘆筍…2根
甜椒（黃）…1/4顆
麵粉…2大匙
鹽、胡椒…各少許
油…1/2大匙

作法

1　紅蘿蔔切成5mm的柱狀，蘆筍
切掉下半部較硬的部分，一起以
加了鹽的熱水煮過。將蘆筍的長
度對半切，甜椒切成細條。
2　將牛肉鋪開，將 1 放上後捲
起，灑上鹽與胡椒，沾裹上麵
粉。放入已經熱好油的平底鍋中
一邊翻轉一邊將整體煎熟。

（鯉江）

只要倒下熱高湯
使之入味就完成了！
醋漬乾蘿蔔絲

冷藏
2 星期

材料（容易製作的份量）

乾蘿蔔絲…30g
紅蘿蔔…1/2根
A ┌ 高湯…3/4杯
  │ 醬油…2小匙
  │ 味醂、醋…各2大匙
  └ 鹽…少許

作法

1 乾蘿蔔絲泡在大量的水中發開後擰乾水分，紅蘿蔔切細絲。

2 將乾蘿蔔絲和紅蘿蔔絲混合後放入保存容器中。

3 將A倒入小鍋子裡煮沸，趁熱淋在2上。　　　　（渡邊）

含有豐富膳食纖維！
恰到好處的甜味很高雅
檸檬煮蕃薯

冷藏
5日

材料
（容易製作的份量）

蕃薯…中型1條
檸檬…1顆
甜菜糖（或砂糖）
　…1大匙
鹽…少許

作法

1 蕃薯切成1cm厚圓片，浸在水中。

2 檸檬一半切成5mm的薄片，一半將果汁擠出。

3 將1、可以讓材料稍微露出一點點的量的水和甜菜糖放入鍋中，開中火，煮滾後轉小火，加入切好的檸檬煮8分鐘左右。

4 蕃薯煮軟後再加入檸檬汁與鹽。
　　　　（渡邊）

加入牛肉，
做成富有深度的味道
五目牛蒡絲

冷藏
4～5日

材料（容易製作的份量）

牛蒡…2根
蓮藕…1節
紅蘿蔔…1根
荷蘭豆…80g
牛肉…150g
A ┌ 醬油、酒、砂糖
  │ 　…各3大匙
  └
芝麻油…2大匙

作法

1 蔬菜和牛肉切成3cm長的條狀。牛蒡和蓮藕浸泡到醋水中後瀝乾水分。

2 鍋子開中火加熱後加入芝麻油，放入牛肉翻炒，炒到變色後再加入荷蘭豆以外的蔬菜繼續炒。炒到蔬菜吸附油脂泛出油光時再加入荷蘭豆，變軟後再加入A，炒至湯汁收乾。　　（鈴木）

拌飯或當作飯糰的料
都很美味
小松菜魩仔魚香鬆

冷藏
5日

材料
（容易製作的份量）

小松菜…1束
魩仔魚乾…50g
芝麻油…1小匙

作法

1 在小松菜底部以菜刀畫十字，之後仔細洗淨，切成碎末。

2 以中火熱好平底鍋，將魩仔魚乾放入炒到酥脆。

3 加入芝麻油與小松菜，炒到小松菜變軟即可。　　　　（渡邊）

對身體好的手作點心

即使是新手也不會失敗，兼顧簡單&營養的食譜大集合！
以甜甜的小確幸讓身心都得到滿足。

蕃茄冰沙

只要把裝入袋中的
蕃茄搗碎冰鎮即可完成

熱量
102
kcal

材料
（容易製作的份量，4人份）
蕃茄…2顆（大）
A ┌ 檸檬汁…1大匙
　├ 蜂蜜…2大匙
　└ 鹽…1小撮

作法
1 蕃茄以熱水燙過後去皮，放入密封袋，加入 A 後密封，用手從袋子上將蕃茄壓碎後放入冷凍庫中冷凍。
2 在吃之前再加以弄碎，使之變成冰沙。盛入器皿中，依喜好用薄荷裝飾。 （鯉江）

酪梨&
香蕉義式冰淇淋

手工製作的冰淇淋
健康又安心

熱量
115
kcal

材料（容易製作的份量，6人份）
酪梨…1顆（180g）
香蕉…1根（130g）
豆漿（無調整）
　…1/2杯
砂糖…50g
檸檬汁…1大匙

作法
1 酪梨與香蕉切成適當的大小，與豆漿、砂糖和檸檬汁一起放入果汁機中打碎。
2 裝入密封袋後壓平，放入冷凍庫中冷凍2小時左右。中途將袋子拿出來1～2次，以手隔著袋子搓揉後再放回冷凍庫。 （牧野）

水切優格佐芒果醬

綿密的水切優格，美味令人沉醉

熱量
160
kcal

材料
原味優格…200g
芒果…1顆
A ┌ 蜂蜜、檸檬汁
　└ …各1大匙

作法
1 將優格放入鋪了廚房紙巾的篩子裡，放入冰箱冷藏30分鐘以上，去掉優格的水分。
2 芒果一半磨碎，一半切大塊。磨碎的芒果加入 A 混合。
3 在器皿裡鋪上 2 的醬汁後再放上優格，灑上芒果塊。
（藤井）

酒香糖煮無花果

讓紅酒的酒精成分蒸發，完成大人的口味

材料
無花果…4顆
A ┌ 紅酒…2大匙
　├ 檸檬汁、砂糖…各1大匙
　└ 肉桂棒…1/2根
茅屋起司…適量

作法
1　將A與1/4杯水倒入鍋中煮沸，將整顆無花果放入，蓋上紙做的鍋蓋煮10鐘左右。
2　稍微放涼之後，放入冰箱中冷藏。切成容易入口的大小後盛入器皿中，在上面放上茅屋起司。
（祐成）

熱量
100
kcal

優格起司蛋糕

軟嫩柔和的口感相當高雅

熱量
189
kcal

材料
奶油起司…100g
原味優格…200g
砂糖…50g
蛋白…1顆的量
草莓果醬…2大匙
吉利丁片
　…5片（1.5gX5片）

作法
1　奶油起司以打蛋器仔細攪拌，加入砂糖後打到變成奶油狀為止。
2　將吉利丁片泡入大量冷水中發開後，確實瀝乾水分。
3　將蛋白倒入大碗中，以打蛋器打發至可以拉起一個尖角的程度。
4　將優格加入1中混合，再加入3，大致攪拌一下。
5　在小鍋中將1/4溫水煮沸，加入2煮溶，放涼後加入4裡混合均勻。倒入器皿中後輕輕蓋上保鮮膜，放入冰箱中冷藏約1小時左右。在吃之前淋上草莓果醬。
（廣澤）

薑汁豆乳布丁

做好的糖漿也可加入紅茶或碳酸水中享用

熱量
223
kcal

★薑汁糖漿
（容易製作的份量）
A ┌ 薑（切薄片）…200g
　├ 甜菜糖…200g
　└ 水…2杯
檸檬汁…1大匙

★薑汁豆乳布丁
B ┌ 豆漿（無調整）
　│　…2杯
　├ 薑汁糖漿…1杯
　├ 鹽…1小撮
　└ 寒天粉…1/2小匙
葛粉…1大匙

作法
1　先製作薑汁糖漿。將A放入鍋中煮滾，再以小火煮5分鐘左右，加入檸檬汁後關火（裝在密閉容器中可以冷藏保存1星期左右）。
2　將B放入鍋中煮滾，一邊攪拌一邊以小火煮2～3分鐘讓寒天溶解。加入以等量的水化開的葛粉，以小火煮5分鐘左右，直到鍋中液體變得黏稠，倒入器皿，稍微放涼後放入冰箱冷藏。
（鯉江）

材料
鷹嘴豆（水煮）…100g
寒天粉…2g
草莓…6顆
奇異果…1顆
楓糖漿…5大匙

作法
1 將鷹嘴豆與一半的楓糖漿放入
耐熱容器中，以微波爐加熱2分鐘
後放涼備用。
2 在鍋中倒入250ml的水，加入寒
天粉攪拌，開中火，煮滾後轉小火
煮到寒天粉溶解。倒入平底淺盤，
稍微放涼後放入冰箱冷藏。
3 草莓和奇異果切成容易食用的
大小。
4 2凝固後切成1cm的塊狀，與1
和3一起盛入器皿中，淋上剩下的
楓糖漿。（藤井）

鷹嘴豆水果寒天
淡淡甜味的高雅煮豆
配上喜歡的水果

258 kcal

溫暖的
和風甜點

175 kcal

164 kcal

豆乳麻糬佐草莓紅豆
沉醉於口福的三重奏

材料
草莓…8顆
A ┌ 豆漿（無調整）…1/2杯
  └ 砂糖、太白粉…各2大匙
煮紅豆（市售品）…60g
抹茶粉…少許

作法
1 將A倒入鍋中後開火，一
邊攪拌一邊小心不要產生結
塊，之後繼續攪拌，直到產生
彈性為止。
2 將手弄濕，將1揉成丸狀，
與草莓和紅豆一起盛盤，最後
灑上抹茶粉。　　　（牧野）

蕃薯茶巾丸子
以膳食纖維豐富的點心來預防便祕

材料
蕃薯…150g
奶油…2小匙
砂糖…2大匙
可可粉…少許

作法
1 削去厚厚一層蕃薯的皮，之後切成
2cm厚的圓片，浸水備用。
2 在鍋中倒入足夠蓋過1的水，開中
火煮。待蕃薯變軟後將水倒掉，開火，
一邊搖晃鍋子一邊讓水分蒸發。
3 以刮刀之類的工具將蕃薯壓碎，趁
熱加入奶油、砂糖加以混合，分成6等
分。以保鮮膜包起，再以茶巾包住絞
緊。在吃之前灑上可可粉。　　（牧野）

楓糖風味
蕃薯洋羹

發揮蕃薯自然甜味的樸素點心

材料（13X18cm的平底淺盤一個）
蕃薯（去皮）…250g
寒天粉…1g
檸檬汁…1大匙

作法
1　在鍋裡加入1/4杯水、寒天粉後開火，一邊攪拌一邊煮，讓寒天粉均勻融化。
2　蕃薯煮熟後搗碎，加入1和檸檬汁混合，倒入鋪了保鮮膜的平底淺盤後，放入冰箱冷藏。
3　切成方便食用的大小，依喜好淋上楓糖漿。
（祐成）

熱量
196
kcal

白玉毛豆麻糬

加入豆腐的白玉柔軟又Q彈

材料
毛豆（冷凍）…200g
蜂蜜…1大匙
A ┌ 白玉粉…50g
　└ 板豆腐…50g

作法
1　將毛豆解凍，去掉豆莢與薄膜，放入食物調理機內打碎，加入蜂蜜後再繼續打成糊狀。
2　將A倒入大碗中，以手一邊將豆腐弄碎一邊混合，一點一點加入清水，揉捏到變成像是耳垂那樣的柔軟度後，做成直徑約2cm的丸子。
3　將2放入大量的熱水中煮，煮到浮起後再等20秒左右，撈起之後與拌上1即可。　　（藤井）

熱量
302
kcal

李子乾與
無花果乾捲核桃

富含鐵質的果乾很適合作為茶點

材料
李子乾…3個
無花果乾…3個
核桃…6顆

作法
1　核桃不包保鮮膜，放入微波爐加熱2分鐘左右。
2　在李子乾和無花果乾上畫上一刀，將核桃塞入之後再切半即可。　　（Horie）

熱量
175
kcal

起司南瓜蒸蛋糕

也可以改用紅蘿蔔或深綠色蔬菜加以變化

熱量
142
kcal

材料（直徑5cm的杯子，8個）	作法

材料（直徑5cm的
杯子，8個）

南瓜（去皮）
…100g

加工起司…60g

鬆餅粉…200g

雞蛋…1顆

砂糖…1大匙

作法

1　南瓜連皮用保鮮膜包住後，以微波爐加熱2分鐘左右，將果肉用湯匙刮下後搗碎。起司切成1cm的丁。

2　將蛋打入大碗中打散，依序加入砂糖、3/4杯水、鬆餅粉、南瓜和起司混合攪拌。

3　將2倒入杯子中，倒8分滿後放入以大火加熱的蒸籠蒸15分鐘。　　　（中村）

暖呼呼
甜點

熱量
369
kcal

卡士達醬焗水果

豆漿卡士達醬襯托出水果的甜味

材料

草莓…5顆

奇異果…1顆

香蕉…1根

穀麥…4大匙

A　蛋黃…2顆
　　豆漿（無調整）…1杯
　　楓糖漿…2大匙
　　太白粉…1大匙
　　香草精（如果有的話）
　　…少許

作法

1　草莓切半，奇異果切成1cm厚的半月形，香蕉斜切成1cm厚的片狀。

2　將A倒入鍋中以打蛋器仔細攪拌，開火後一邊攪拌一邊煮到液體變得濃稠。

3　在耐熱容器中鋪一層穀麥，倒入2，再放上1，以烤箱烤10分鐘左右烤到上色。　（鯉江）

熱量
309
kcal

紅蘿蔔麵包布丁

使用變硬的麵包就能製作的簡單甜點

材料

紅蘿蔔…1/2根（60g）

A　雞蛋…2顆
　　牛奶…3/4杯
　　砂糖…3大匙
　　香草精…少許

法國麵包…1cm厚8片

葡萄乾…1小匙

作法

1　紅蘿蔔磨碎，與A混合。葡萄乾泡水。

2　將法國麵包排在耐熱容器中，倒入1的蛋液，靜置5分鐘。

3　灑上葡萄乾，蓋上鋁箔紙以烤箱烤10分鐘，拿掉鋁箔紙後再烤3分鐘烤到上色。　　（中村）

法式果乾蛋糕

發祥自法國鄉下地方的質樸點心

材料（1個的份量）

雞蛋⋯1/2顆
低筋麵粉、砂糖
　⋯各1小匙
牛奶⋯1/2杯
奶油⋯5g
杏子乾⋯2個
葡萄乾⋯1大匙

作法

1　將奶油融化，杏子乾切碎。
2　蛋打散，加入牛乳混合。
3　將低筋麵粉、砂糖倒入大碗中混合後加入 **2** 混合，再加入 **1** 的奶油加以混合。
4　將 **3** 倒入耐熱容器中，放上杏子乾和葡萄乾後以烤箱烤8分鐘左右即可。
　　　　　　　　　　　　（祐成）

烤蘋果
佐優格奶油

微微的酸甜，秋季代表性的甜點

材料（1個的份量）

蘋果⋯1顆
奶油⋯10g
砂糖⋯1小匙
無水優格⋯2大匙
肉桂粉⋯適量

作法

1　蘋果去芯後以叉子在表面挖洞，將奶油和砂糖塞入後，放入耐熱容器中以微波爐加熱6～7分鐘。
2　放上優格，灑上肉桂粉。（祐成）

113
kcal

106
kcal

99
kcal

226
kcal

越式紅豆香蕉甜湯

以越南風的紅豆湯暖身暖心

材料

A 椰奶、牛奶⋯各1/2杯
　水煮紅豆罐頭⋯1大匙
　香蕉（切片）⋯1/2根
　砂糖⋯1/2小匙
黃豆粉⋯適量

作法

將 **A** 放入鍋中煮沸後盛入器皿中，灑上黃豆粉。　（祐成）

鹽味海苔洋芋片

煮得鬆軟，煎得酥脆

材料

馬鈴薯⋯2顆
橄欖油⋯2大匙
鹽⋯少許
青海苔粉⋯適量

作法

1　馬鈴薯連皮仔細洗淨，切成5～7mm厚的圓片，煮到竹籤可以刺入的程度。
2　將橄欖油倒入鍋中以大火加熱，將 **1** 放入鍋中煎至兩面金黃酥脆後灑上鹽和青海苔粉。　（鯉江）

新鮮★蔬果昔

凝縮了蔬菜或水果完整營養的蔬果昔，最適合當作懷孕期間的點心！
就以配合身體狀況的食譜來聰明的補充維生素和礦物質吧。

葉酸蔬果昔
簡單攝取水果
與蔬菜的葉酸&維生素

97 kcal

材料
草莓…150g
甜椒…1/2顆
原味優格…1杯
蜂蜜…適量

作法
1 草莓和甜椒切滾刀塊。
2 將1與優格放入果汁機中打成汁，再加入蜂蜜調味。 （牧野）

鐵質強化蔬果昔
確實攝取鐵質
與蛋白質

236 kcal

材料
A 李子乾…5個
　香蕉…1根
　豆漿（無調整）
　　…1又1/2杯
　原味優格…1/4杯
　黃豆粉、蜂蜜
　　…各1大匙
檸檬…1/4顆

作法
1 將A放入果汁機中打成汁。
2 倒入杯中後以檸檬裝飾。依喜好可以擠入檸檬後飲用。 （鯉江）

美肌蔬果昔
蘋果的膳食纖維和
寡醣有益腸胃

88 kcal

材料
蘋果…1/2顆
紅蘿蔔…1/3根
柳橙…1顆
檸檬汁…1大匙
寡醣…1/2大匙

作法
1 蘋果連皮切成大塊。紅蘿蔔削皮、柳橙剝皮後也切成大塊。
2 將所有材料放入果汁機中打成汁即可。 （鯉江）

鈣質蔬果昔
1杯就濃縮了許多營養！
也很適合繁忙的早晨

239 kcal

材料
小松菜…2棵
奇異果…1顆
香蕉…1根（小）
巴西里…少許
蘋果汁…1又1/2杯
原味優格、
　亞麻仁油
　…各1大匙

作法
1 小松菜切大塊。奇異果和香蕉切成一口大的大小。
2 將所有材料放入果汁機中打至滑順即可。 （鯉江）

消除水腫蔬果昔
以滿滿的鉀和
維生素進行排毒

110 kcal

材料
甜椒…1顆
葡萄柚…1顆
蜂蜜…1大匙

作法
1 甜椒切大塊，葡萄柚去掉薄膜。
2 將1與蜂蜜、1/2杯水放入果汁機中打成汁。
3 倒入玻璃杯中，依喜好以薄荷裝飾。
（Amaco）

排毒蔬果昔
以能夠排出多餘鹽分的
香蕉為主角

187 kcal

材料
香蕉…1根
藍莓…100g
牛奶…3/4杯
原味優格…50g
蜂蜜…1大匙

作法
將所有材料放入果汁機中打至滑順即可。 （Amaco）

PART 3

懷孕期間常見問題！
飲食生活診斷

「戒不掉甜食」

「明明沒有多吃，但體重卻增加了」

「害喜結束之後，就無法控制食慾」等等

會讓孕婦忍不住點頭稱是的常見煩惱。

只要對飲食內容進行診斷，就能找出問題產生的理由。

明明沒有多吃，
但體重
卻增加了

1 明知道「攝取了過多糖分」，但卻
無法戒掉甜食

遠因是因為貧血與血清素不足！
比起吃甜食，三餐更要好好吃

要是吃了零食或是甜的點心，就容易因為覺得「飽了」而減少重要的正餐飲食量。喜歡吃甜點的孕婦，除了容易因為攝取過多糖分和油脂而提高妊娠糖尿病或肥胖的風險外，還會大幅缺乏蛋白質或鐵質等礦物質。

「無法戒掉甜食」的背後，有可能是因為貧血而導致容易疲累，所以想要吃甜食，或是能夠抑制進食的血清素（腦內神經傳導物質）不足等等原因。如果不好好吃三餐，就會對甜食更加依賴，因而陷入惡性循環，所以先試著改善飲食生活吧。

> **明知道不應該，但還是忍不住吃了大量甜食**
> 我從懷孕5個月的時候開始，就吃了很多像是零食或是冰品之類的甜食，很擔心寶寶會不會長得太大……。
> H小姐（懷孕6個月）

> **一天會吃到三次點心**
> 突然就會很想吃甜食，戒不掉吃點心的習慣。在早上10點、下午3點和5點，就會忍不住吃巧克力或蛋糕。
> M小姐（懷孕10個月）

解決煩惱！ 處方籤

1 解決貧血問題吧

想快點提高血糖值，「身體就會想要攝取甜食」；因為體溫無法順利調節，「不由自主的想吃冰淇淋等冰品」等，都是典型的貧血症狀。由於缺乏鐵質，所以就以動物性的血基質鐵為主，積極食用含鐵的食材吧。

← p.24

2 攝取蛋白質吧

成為抑制進食的血清素材料的，是名為「色胺酸」的必需胺基酸。肉、魚、雞蛋、乳製品和豆類等優質蛋白質中富含色胺酸，所以食用這些食物也是很重要的！可以增加體內血清素的含量。

← p.18

3 沐浴在晨光下吧

血清素會因沐浴在晨光之下而分泌。許多孕婦會因為進入待產生活而讓生活節奏變得混亂，所以養成到陽台曬曬太陽，或是出去倒垃圾等「沐浴晨光下」的習慣吧。早上能夠神清氣爽的醒來，對於良好的睡眠與維持心情穩定都具有相當大的效果。

4 進行節奏運動吧

健走或是原地踏步，廣播體操，嚼口香糖等以一定的節奏進行的運動，也能促進血清素的分泌活性化。重點是在不勉強身體的範圍之內，重覆進行規律的運動。以不會感覺疲累的10～30分鐘程度為基準，盡可能每天持續進行吧。

明明沒有吃很多，可是
體重卻增加了

零食是不是含有過多糖分或油脂？
減少三餐的份量反而會造成反效果

即使三餐吃的量少，您是不是在吃點心或宵夜時，選擇吃些糖分或油脂多的高熱量零食或飲料呢？如果沒有從主食、主菜和副菜中確實攝取營養，會因為從三餐中攝取的熱量不足，而不由得將手伸向零食……。說不定，這就是發胖的原因。

此外，沒有好好吃三餐的人，肌肉量會減少，體脂率會變高。如果再繼續極端的減少攝取的熱量，基礎代謝會下降，身體有可能會將這些少量的營養變成脂肪儲存起來！藉由正餐填飽肚子，其實是與打造不易發胖的體質息息相關的。

> 只是稍微多吃了一點點，馬上就會變胖！
> 不吃的話，身體就會撐不住，但是只要多吃了一點點，體重就會增加！我還想多吃一點我最喜歡的甜食！
> C小姐（懷孕10個月）

> 增重了14kg，因為高血壓而住院
> 雖然都吃得很均衡，但是無法戒掉吃鹹的零食……。最後因為體重增加了14kg，因為高血壓而住院。
> N小姐（懷孕9個月）

體重增加了　菜單診斷

早餐
[9:30]

● 熱牛奶
● 蘋果（1顆）

Check
這樣的量太少了！將早餐內容試著換成裸麥吐司和水煮蛋，把牛奶換成蕃茄湯（加了蔬菜、芋頭、豆類等料）試試看。既可以補充鉀，也能預防水腫。

午餐
[13:00]

● 蔬菜香菇雜炊粥
● 納豆（1盒）

Check
蔬菜雜炊粥配上納豆很不錯呢。把白飯換成發芽糙米或是雜糧米，並且控制加進去的量吧。除了預防體重快速增加外，還能補充鐵質和食物纖維等營養。

點心

● 100%果汁　● 紅茶（無咖啡因）　● 蜂蜜蛋糕

晚餐
[20:00]

● 涮涮鍋（豬肉、水菜、杏鮑菇）
● 韓式涼拌菠菜

Check
以豬肉攝取蛋白質的這一點是OK的。由於在控制體重，晚上少吃白飯是可以的，但是以配菜為主的話，要注意不要攝取過多鹽分這一點。

O小姐（懷孕5個月・主婦）
身高158cm
比懷孕前+2kg

**體重增加
是因為吃點心或
鹽分的關係嗎？**

我因為害喜而瘦了5kg，但是在狀態改善之後的4個星期裡，一口氣胖了4kg，明明就有減少晚餐白飯的量了，這是因為吃了點心或是鹽分過多的關係嗎？

—— *Advice* ——

**也許點心就是體重增加
的原因。也要把解決
水腫這件事放在心上**

雖然吃的量不多，但是因為選擇了會讓血糖值上升、GI值高的果汁和蜂蜜蛋糕，這點也許和體重增加有關。此外，由於水腫也是體重增加的原因之一，在調味時可以試著煮清淡一點，並且積極攝取蛋白質和鉀吧。

3

害喜結束之後就像出閘猛獸!?
無法控制食慾

不可以偏向零食或炸物!
以「鮮味」來提高滿足感

炸物、脂肪多的肉、鹹的零食、滿滿鮮奶油的蛋糕或冰淇淋,吃太多的話就有罹患妊娠糖尿病或妊娠高血壓症候群的風險!在食慾停不下來的時候,比起砂糖或油脂,增加食物的「鮮味」是其祕訣。以肉或魚,蕃茄或乾香菇等食材的鮮味來滿足口腹之慾吧。

和食的「柴魚高湯」因為其鮮味能抑制食慾而受到矚目。除了使用在料理上,也很推薦飲用。如果真的無法忍耐,想吃甜食的話,請選擇可以預防肥胖的植物性多酚(可可亞或黑巧克力),或不易讓血糖值上昇的寡醣。

> **喜歡吃碳水化合物所以體重增加**
> 喜歡吃白飯、麵包、麵類等碳水化合物。餐桌上先生喜歡的熱量較高的配菜也增加了,有種體重會增加的預感⋯⋯。
> T小姐(懷孕8個月)

> **在家裡靜養期間吃太多了!**
> 因為害喜終於結束的那種解放感,食慾全開!明明應該在家裡靜養的,但卻控制不住,在懷孕後期增加了過多的體重。
> Y小姐(懷孕10個月)

無法控制食慾　菜單診斷

早餐 [4:30]

- 什錦炊飯
- 荷包蛋&
- 香腸&
- 沙拉
- 裙帶菜湯
- 香蕉(1/2根)
- 優格

Check
將蛋與香腸改用水煮的料理法,降低攝取的油分。此外,鹽分攝取過多這點令人有點在意。將飯換成沒有調味過的雜糧米,不要喝湯,只喝茶。

點心
- 最中餅(1個)　- 小飯糰(4個)

午餐 [12:40]

- 玉米飯
- 雞肉炒腰果
- 小蕃茄
- 高麗菜湯
- 巧克力蛋糕
- 牛奶(200ml)

Check
確實攝取蔬菜這點雖然很不錯,但是整體而言量有點多。在盛盤裝碗這個階段就試著進行量的調整吧。牛奶選擇低脂的話,可以降低30%的熱量。

晚餐 [18:45]

- 炸秋刀魚
- 佐油淋醬
- 蛋花煮白蘿蔔
- 黑豆
- 納豆
- 古代米飯

Check
炸物和油炸之前相比,熱量約是2倍之多,所以要特別注意!直接用烤的會是比較好的料理方式。點心的量也很讓人在意,若是能把飯糰的量減半的話會比較好。

K小姐(懷孕5個月・公務員)
身高162cm
比懷孕前+1.5kg

不只早中晚三餐,連點心的量也不知不覺的增加了

工作太忙的時候都是以宅配的方式購買蔬菜,我想在營養均衡方面應該是沒問題的,但是會不自覺的吃太多,讓我很煩惱。上班時的午餐也是點「特大份」。

--- **Advice** ---
多多咀嚼
與注重清淡的調味
是重點

在懷孕中期的熱量增加量為+250kcal(大約比1顆飯糰多一點),無法抑制食慾時,(1)食用海藻或蔬菜等食物纖維較多的食品,並且仔細咀嚼,(2)盡可能的不使用多餘的調味料,讓料理的味道變清淡,這兩點是很重要的。

4

明明想吃飯，但是子宮壓迫到胃

吃太少

即使少量，也要有高營養。
也推薦用喝的

如果吃得不多，那麼就提高食物的營養吧。蛋白質食材具有可以有效率的攝取必要營養素的優點。雞蛋幾乎是完全的營養食品，由於只需要簡單調理就能食用，每天都一定要吃！含有大量鐵質的牛肉或鮪魚、凍豆腐、DHA含量多的青背魚或鮭魚等蛋白質也請一併攝取。

在強化鐵質方面，可飲用優酪乳、豆漿、可可亞、杏仁奶、米漿等，最近用喝的就能進行營養補給的營養品相當豐富，一天喝2～3杯來補充營養也是一種方法。但是要注意喝太多含糖飲品會造成糖分攝取過多的問題。選擇沒有使用砂糖的種類，以寡醣或蜂蜜來增加甜味吧。

> **三餐都只吃一點。**
> 早餐是1碗飯，中午在外面吃簡單的午餐，晚餐雖然有注意營養的均衡，但是實在吃不了那麼多，所以寶寶有點小。
> N小姐（懷孕10個月）

> **胃被壓迫，吃不下**
> 從中期開始胃就有壓迫感，沒什麼食慾。難以相信會有「食慾停不下來」的孕婦。
> T小姐（懷孕8個月）

吃太少　菜單診斷

早餐
[8:00]

- 麵包捲（2個）
- 咖啡
- 加葡萄乾的優格

Check
整體來說熱量與營養素都不足，除了建議加上蛋或鮪魚罐頭、起司等蛋白質之外，希望也能再配上蕃茄或青花菜這種只要煮過、切過就好的蔬菜。

午餐
[13:00]

- 白飯
- 納豆（1盒）
- 浸煮蔬菜或昨晚的剩菜

Check
為納豆加上吻仔魚乾或蛋這些配料吧。份量雖然沒有什麼改變，但是1顆蛋約可以增加80kcal的熱量，也能補充蛋白質、維生素和鐵質。

點心

- 熱飲（豆漿之類）
- 水果或和菓子

晚餐
[19:00]

- 高麗菜捲
- 涼拌豆腐
- 涼拌牛蒡
- 煮南瓜
- 醬菜

Check
由於熱量大幅不足，所以不要不吃主食！主菜選擇鰤魚或鯖魚等油脂豐富的魚，較能有效率的補充熱量，也能確保攝取到DHA和EPA。

Y小姐（懷孕10個月・休產假中）
身高160cm
比懷孕前+4.5kg

在產檢時被醫生說
「寶寶很瘦」，
讓我很不安

由於無法吃太多，所以我覺得我一直有把「質」這件事放在心上，但是這點卻無法在增加體重上有所幫助，從懷孕7個月開始，在產檢時就被醫生說「寶寶很瘦」。

--- **Advice** ---

懷孕後期
要特別注意
不要讓鐵質不足

與懷孕之前相比，在懷孕後期需要多吃＋450kcal（稍少的1餐）的量，特別是因為這時是將鐵質提供給寶寶的時期，在吃點心時選擇布丁（雞蛋）、堅果等食物，飲料則選擇不會妨礙鐵質吸收的香草茶或麥茶吧。

明明覺得自己有好好吃飯

但貧血卻沒有改善

多攝取蛋、紅肉、魚、貝類等動物性食品的鐵

雖說有許多孕婦都沒有攝取足夠的營養，但其中鐵不足的比例又特別高。有很多人會食用菠菜或李子乾，不過也請不要忘了多攝取吸收率較高的蛋、牛瘦肉、鮪魚、鰹魚、蛤蜊、蜆等動物性食品。（參考P.24）

至於植物性食品，則有海苔、芝麻、堅果、雜糧飯、深綠色蔬菜、毛豆、大豆製品（納豆、黃豆粉、凍豆腐）等鐵含量豐富的食材。如果不從每餐一點一點的攝取，就很難達到人體所需的量。將這些強化鐵質的食品記在腦海裡並存放在冰箱中，把它們加入到每一餐的菜色裡吧。

即使進行了飲食對策，還是需要服用鐵劑。
我盡可能吃得營養均衡，連討厭的李子乾也每天吃，但是最後還是必需服用鐵劑。
B小姐（懷孕10個月）

以食物來補給鐵質
雖然我有貧血，但是我討厭吃肝臟，所以盡可能的多吃羊栖菜、小松菜、乾蘿蔔絲、納豆等食物。
W小姐（懷孕8個月）

貧血沒有改善　菜單診斷

早餐
[7:30]

- 土司麵包
- 荷包蛋
- 沙拉
- 清雞湯
- 香蕉優格
- 熱牛奶

Check
把麵包換成裸麥（全麥麵粉），在湯內加入大豆或起司來補充鐵質吧。如果再加上青花菜或甜椒所含的維生素C，就能提高鐵的吸收量。

午餐
[12:00]

- 白飯（半碗）
- 配菜 前一天晚餐的剩菜
- 即食味噌湯
- 蘋果

Check
全體來說量有點少，蛋白質是改善貧血問題不可或缺的！在配菜中加上納豆，或將海苔絲加入味噌湯內，在一點一滴增加鐵質這點上多下點功夫吧。

晚餐
[19:00]

- 炸雞排
- 菠菜浸醬汁
- 煮南瓜
- 料很多的味噌湯

Check
身體對牛瘦肉等動物性的鐵質吸收率較高，記住這點多加利用吧。將浸泡醬汁的料理法換成「拌芝麻」，可以同時補足需要的熱量與鐵，還有，請一定要吃主食！

宵夜
- 橘子1個
- 洋芋片
- 冰淇淋等

I小姐（懷孕6個月·主婦）
身高167cm
比懷孕前+1kg

因為貧血，每天的餐桌必備鐵質豐富的深綠色蔬菜或蛋

由於醫院所開的鐵劑和體質不合，所以特別注重可以攝取到鐵的飲食。每天一定會吃菠菜沙拉！但是並不覺得貧血有所改善。

—— Advice ——
別忘了與鐵同時攝取蛋白質

很多人會有「要改善貧血就要多攝取鐵」這樣的想法，但是這樣的話就太偏頗了！除了鐵之外，也要注意形成血紅素的蛋白質是否足夠。食用牛肉、鮪魚、蛋等動物性食品，在攝取鐵質的同時也能攝取到蛋白質。

6

「因為要工作，沒辦法自己作飯！」

午餐常吃外食

1星期會吃2～3次外食

我有在工作，而且已經有一個小孩，實在沒有多餘的心力做便當。一星期裡有2～3次會以外食來簡單解決。

S小姐（懷孕8個月）

提升「容易NG的菜單」的營養吧

　　午餐吃外食，常以飯糰、丼飯、麵包、義大利麵等碳水化合物（醣類）為主，容易使蛋白質或維生素、礦物質大幅缺乏。一定要吃構成寶寶身體的肉類、魚、雞蛋、豆腐等蛋白質，並且要確實去食用5不同顏色、色彩繽紛的蔬果。此外，也要把像是「不把湯喝完」這些不攝取過多鹽分的事情放在心上。以下就是方便您選用的午餐外食選擇改善範例，請參考看看。

零蛋白質！寶寶的身體無法發育

在便利商店

Before ✕ → **After** ○

- 白米飯糰
- 冬粉湯
- 蔬菜沙拉

飯糰加冬粉，主要是以醣類為主。蛋白質不足會使肌肉減少，會造成缺乏體力或貧血。如果把味道重的湯全喝完的話，會攝取過多鹽分。

- 雜糧米飯糰
- 豆腐味噌湯
- 蒸雞肉沙拉
- 水煮蛋

以豆腐、雞肉和蛋來補充蛋白質。味噌湯的湯不要喝完。與白米相比，雜糧米或赤飯含有較多食物纖維和礦物質，也可以使血糖值緩慢上升。

甜鹹麵包即使有高熱量，卻沒有營養

在咖啡廳

Before ✕ → **After** ○

- 香腸麵包
- 克林姆麵包
- 咖啡

甜麵包和鹹麵包以醣類為主，並且營養不足！香腸的鹽分很高，要小心不要吃太多。含咖啡因的咖啡1天最多1杯。

- 三明治
- 可可亞
- 水果
- 優格

綜合三明治不僅低脂，還能補充蛋白質。集滿了紅、黃、綠、白、茶5種顏色這點也很好。而可可亞則可以從中攝取植物性多酚。

即使吃飽了，吃下去的也幾乎都是醣類！

在義大利餐廳

Before ✕ → **After** ○

- 蒜香辣椒橄欖油義大利麵
- 咖啡

雖然就算是料少的義大利麵也能填飽肚子，但是蛋白質和維生素、礦物質等幾乎等於零，對於身體所需要的營養完全不夠。

- 海鮮蕃茄義大利麵
- 迷你沙拉
- 香草茶

以蕃茄醬汁所含有的抗氧化能力高的蕃茄紅素、以及海鮮來補充蛋白質與鐵質。由於咖啡的咖啡因會妨礙鐵質吸收，所以改喝香草茶。

烏龍麵&天婦羅屑等兩種高GI食物會讓血糖值上升！

在蕎麥麵屋

Before ✕ → **After** ○

- 天婦羅屑烏龍麵

烏龍麵與天婦羅屑都是以高GI的麵粉為原料，在空腹時一口氣吃下去，血糖就會急速上升，之後又會急速下降，有可能會造成低血糖。

- 鴨南蠻蕎麥麵

點用料較多的品項，先從料開始吃就可以預防血糖值急速上升。蕎麥是低GI值的食材，並且含有豐富的蘆丁這種可以使血管強健的成分。蕎麥湯也含有高營養。

7 一個人的話就都吃剩菜
做午飯時會偷懶

吃納豆拌飯的次數變多了

我先生外出工作，午餐只有我一個人在家吃。吃前一天晚上的剩菜或是納豆拌飯等，已經吃膩了，該怎麼作才能簡單的攝取到營養呢？

T小姐（懷孕9個月）

添加各式各樣的營養吧

只有自己一個人吃的午餐，應該很多人都想簡單解決。就算只有單品料理也不要緊，像是親子丼、牛丼、納豆炒飯、豬肉炒麵這些，請遵守料理中要「有一個手掌大的蛋白質」這項原則。再加上下面介紹的常備食材，簡簡單單就能提高營養價值。

此外，比起嫩豆腐，改選擇板豆腐；比起板豆腐，改選擇凍豆腐，選擇高營養的食材的認知也是很重要的。即使只有一點，也要更有效率的攝取更多的營養。

解決煩惱！ 處方籤

1 即使只有一道料理，除了蔬菜，也要確實攝取蛋白質

除了鮪魚罐頭或水煮鯖魚罐頭、納豆、雞蛋之外，還可選擇切成薄片的肉片或事先將絞肉分成100g，以保鮮膜包好冷凍的方法等，只要有這些「一個人的午餐」也能簡單使用的蛋白質候補選手，可以做的料理種類就會增加。與蔬菜、菇類、海藻等加以組合，做成料多味美的料理。

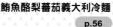

鮪魚酪梨蕃茄義大利冷麵
p.56

豬肉泡菜＆納豆丼飯
p.85

2 以常備食材讓營養 ON and ON!

這些乾貨、罐頭可以久放，也含有豐富的鐵或礦物質等營養素，為了隨時都能為料理加上最後一筆，就在家裡放些庫存吧。在身體狀況不好、無法出門買菜時，它們會成為能提昇營養的可靠夥伴。

● 柴魚片

DHA的供給源！
也有滿滿的胺基酸

● 海苔

礦物質的寶庫！
對於減鹽也能幫上忙

● 魩仔魚乾

從頭到尾都可以吃
補給鈣質

● 櫻花蝦

擁有豐富鈣質
也有抗氧化作用

● 芝麻

含有豐富的鐵和鈣
&必需脂肪酸

● 裙帶菜（乾燥）

含有滿滿的
鎂和鉀

● 鮪魚罐頭

可以輕鬆攝取魚類的營養！
去油之後再使用

● 混合豆類
含有高蛋白質
營養價值很高

● 核桃、堅果

含有α-亞麻酸
以及防老化的成分！

● 水果乾
含有大量預防貧血的
鐵或鉀

生完寶寶後，飲食更加重要！

為了產後生活，
希望您現在先做到的事

生產不是終點，而是育兒的開始。寶寶出生後，比想像中還要更加忙碌的日子正在等著您。從現在開始就先為能做到的事情進行準備吧。

育兒是24小時沒有休息時間的！

為了身體的恢復與授乳，事先儲備營養

產後一邊要修復身體因生產而造成的傷害，一邊還要開始不分晝夜、頻繁的授乳。為了要回復因為懷孕、生產而流失的鐵與骨質密度，以及能夠提供寶寶優質的母乳，就趁現在先儲備營養吧。

無法慢慢做料理！

增加「事先做好」與「省時料理」的菜單

照顧寶寶完全沒有休息時間，24小時一眨眼就過了！沒有多餘的時間和心力慢慢料理三餐。從現在開始一點一點的學習使用微波爐的省時料理，或是一次做好大量的肉醬或乾咖哩、什錦炊飯後再分成一小份一小份加以冷凍等方法，試著挑戰看看吧。

產後很難出門購物！

利用宅配等方式，在取得食材或三餐上下工夫

請先認清「帶著剛出生沒多久的寶寶出門購物是很困難的」這一點！如果周圍沒有人可以拜託的話，建議在生產前就針對網路超市、食材、三餐的宅配服務等容易使用的服務業者加以比較、研究，並且試用看看。

放他一個人的話就會亂來

請爸爸努力學會做飯

對於照顧寶寶還不熟練，不但費時，感到不安的事情也很多。從懷孕期開始，即使只有一點也好，請爸爸也提高「家事力」吧。就算沒辦法做出好幾道料理，光是讓「馬鈴薯燉肉」或「豬肉味噌湯」這種料多的料理變成拿手菜，就有所幫助。

Index

食譜前面的●是不同的顏色來表示所含較多的營養素
沒有●的菜色則是以套餐的方式呈現

- 滿滿葉酸食譜
- 預防妊娠糖尿病食譜
- 預防貧血食譜
- 培養寶寶的大腦與身體食譜
- 解決便祕問題食譜
- 讓媽媽與寶寶的骨骼變健食譜
- 預防水腫食譜
- 點心食譜

主食

米

肉	● 配料多多牛丼	112
	● 雞肉蘆筍捲照燒丼	111
	● 民族料理風鴻喜菇絞肉炊飯	134
	● 乾咖哩＆菠菜拌飯	102
	● 紅蘿蔔雞鬆丼	116
	● 豬肉泡菜＆納豆丼	85
海鮮	● 牡蠣炊飯	115
	● 櫻花蝦鹽昆布一口小飯糰	136
	● 鮭魚柴魚片糙米炒飯	117
	● 鮭魚大豆梅子奶油飯	87
	● 海鮮咖哩炒飯	113
	● 魩仔魚櫻花蝦綠茶炊飯	74
	● 魩仔魚燴天津飯	135
	● 芝麻醬海鮮丼	73
	● 烤秋刀魚香蔬拌飯	145
豆	● 紅豆飯	100
	● 豆子與小芋頭中式稀飯	90
	青豆飯	43
	● 鮭魚大豆梅子奶油飯	87
	● 滿滿巴西里與豆子的蕃茄飯	75
	● 豬肉泡菜＆納豆丼	85
蔬菜、芋類、菇類	● 蘆筍玉米炒飯	59
	● 豆子與小芋頭中式稀飯	90
	● 菇類長蔥親子丼	141
	● 菇類燉飯	143
	蕃薯雜糧飯	50
	● 玉米飯	99
	● 白菜燉飯	142
	巴西里拌飯	52
	● 巴西里畢拉夫炒飯	55
	● 豆芽菜竹筍炊飯	114

麵包

	● 納豆魩仔魚吐司＆蔬菜棒	136
	● 沙拉蔬菜的多彩三明治	109
	● 菠菜豆類托斯卡尼蔬菜湯	153

義大利麵

肉	● 根莖類蔬菜肉醬義大利麵	84
海鮮	● 牡蠣西洋菜義大利麵	69
	● 鰹魚西洋菜蒜香辣椒橄欖油義大利麵	132
	● 燉煮鮭魚義大利麵	133
	● 魩仔魚高麗菜義大利麵	140
	● 春季蔬菜與油漬沙丁魚義大利麵	83
	● 鮪魚酪梨蕃茄義大利冷麵	56
豆	● 毛豆豆乳蛋奶義大利麵	68
	● 豆腐泥蠶豆鱈魚子義大利麵	70
	● 和風蛤蜊金針菇菠菜義大利麵	72
	● 竹筍豌豆和風義大利麵	86

烏龍麵、蕎麥麵

烏龍麵	● 蛤蜊黃麻菜豆乳烏龍麵	71
	● 清爽的梅子烏龍麵	76
	● 蒟蒻絲豆乳麵	144
	● 新鮮蕃茄與海鮮炒烏龍	58
蕎麥麵	● 黏稠沙拉式蕎麥麵	57

其他

麵粉	● 韓式蘆筍青花菜煎餅	62
	● 韓式鰻魚細蔥煎餅	152
	● 韓式蔥豬肉煎餅	123
綜合雜糧	● 雜糧湯	67
拉麵	● 美味拉麵	77

主菜

肉

雞肉	豆腐雞肝漢堡排	52
	● 香炒蠶豆雞肉	145
	● 法式高湯煮雞槌鷹嘴豆	125
	● 香醋滷雞槌、根莖蔬菜、蛋	106
	● 蕃茄煮雞肉大豆	120
	● 咖哩烤雞	118
	● 豆乳煮雞胸高麗菜與杏鮑菇	150
	軟嫩雞肉丸	46
	● 雞肉菠菜捲	79
	● 高湯煮裙帶菜雞肉丸與蜂斗菜	90
豬肉	香煎酪梨豬肉捲	40
	● 香炒白蘿蔔豬肉	103
	● 麻婆豆腐	116
	● 豬肉蔬菜千層	107
	● 咖哩炒豬肉青花菜	114
	● 鹽麴煮豬肉根莖類蔬菜	93
	● 嫩煎豬肉佐春菊蘿蔔泥醬	97
	● 煎豬肉片佐莎莎醬	78
	● 青海苔香煎豬腰內肉	119
	● 蓮藕肉丸	88
牛肉	● 醬炒牛肉小黃瓜甜椒	106
	● 牛肉西洋菜葡萄柚沙拉	78
	羊栖菜細蔥滑蛋牛肉	45
	● 煎牛菲力佐薑豆春菊	79
	● 馬鈴薯燉肉	107
其他	● 香煎新馬鈴薯與印度風小羊肉	121

海鮮

蛤蜊	鱈魚蛤蜊蒸蕃茄	49
沙丁魚	● 咖哩香煎沙丁魚	105
蝦	● 綠奶油煮蕪菁	55
	● 清煮軟Q蝦丸青花菜	61
	● 蕃茄煮凍豆腐與蝦	80
	● 鮮蝦馬鈴薯味噌焗烤	148
鰹魚	● 炙燒鰹魚沙拉	43
	● 芥末籽醬美奶滋烤鰹魚	81
鰈魚	● 咖哩煮鰈魚	128
鮭魚	● 煎鮭魚佐酪梨醬	60
	● 鮭魚、板豆腐與青花菜溫沙拉	61

鮭魚	● 和風焗烤鮭魚菠菜	67
	● 法式烘餅風鮭魚	92
	● 煎鮭魚佐根莖類蔬菜浸煮	126
	● 滿滿芝麻煎鮭魚佐菜與菇類	128
	● 中式奶油煮小芋頭與鮭魚	149
鯖魚	● 味噌蕃茄煮鯖魚	80
	● 煎鯖魚佐滿滿巴西里南蠻漬	126
	● 裙帶菜蒸鯖魚	127
	● 麵包粉香烤鯖魚菇類	129
土魠魚	● 香辛料煮土魠	130
鯛魚	● 多彩醬淋白身魚	127
鱈魚	鱈魚蛤蜊蒸蕃茄	49
	● 鱈魚青蔬鋁箔燒	105
	● 西式煮鱈魚	129
	● 鈣烤鱈魚	142
鰤魚	● 香煎鰤魚佐浸煮春菊	104
干貝	● 旨煮干貝青花菜	81
	● 乾蘿蔔絲干貝炸什錦	125
	● 蛋炒干貝與蘆筍	139
西太公魚	● 起司烤西太公魚	143

▓ 豆、大豆製品

凍豆腐	● 蕃茄煮凍豆腐與蝦	80
豆腐	軟嫩雞肉丸	46
	豆腐排佐菇類淋醬	50
	豆腐雞肝漢堡排	52
	● 韭菜豆腐	74
	● 暖心蛋汁燴豆腐	100
	麻婆豆腐	116
	鮪魚泥豆腐漢堡排佐清爽梅醬	130
鹽豆	● 煎牛菲力佐鹽豆春菊	79
	● 香炒鹽豆雞肉	145
大豆	● 蕃茄煮雞肉大豆	120
鷹嘴豆	● 法式高湯煮雞槌鷹嘴豆	125
綜合豆類	● 波菜豆子法式鹹派	89

▓ 雞蛋

	羊栖菜細蔥滑蛋牛肉	45
	● 蔬菜豆乳蛋包	72
	● 暖心蛋汁燴豆腐	100
	● 香醋滷雞槌、根莖蔬菜、蛋	106
	● 簡單版鮪魚罐頭鹹派	131

▓ 蔬菜、芋類、菇類

酪梨	香煎酪梨豬肉捲	40
	● 煎鮭魚佐酪梨醬	60
蕪菁	● 綠奶油煮蕪菁	55
菇類	豆腐排佐菇類淋醬	50
高麗菜	● 豆乳煮雞胸高麗菜與杏鮑菇	150
綠蘆筍	蛋炒干貝與蘆筍	139
西洋菜	● 牛肉西洋菜葡萄柚沙拉	78
小芋頭	● 中式奶油煮小芋頭與鮭魚	149
馬鈴薯	● 法式烘餅風鮭魚	92
	● 馬鈴薯燉肉	107
	● 香煎新馬鈴薯與印度風小羊肉	121

馬鈴薯	● 鮮蝦馬鈴薯味噌焗烤	148
白蘿蔔	● 鹽麴煮豬肉根莖類蔬菜	93
	● 香炒白蘿蔔豬肉	103
韭菜	● 韭菜豆腐	74
蜂斗菜	● 高湯煮裙帶菜雞肉丸與蜂斗菜	90
青花菜	● 清煮軟Q蝦丸青花菜	61
	● 鮭魚、板豆腐與青花菜溫沙拉	61
	● 旨煮干貝青花菜	81
	● 咖哩炒豬肉青花菜	114
菠菜	● 和風焗烤鮭魚菠菜	67
	● 蔬菜豆乳蛋包	72
	● 雞肉菠菜捲	79
	● 波菜豆子法式鹹派	89
蓮藕	● 蓮藕肉丸	88

▓ 罐頭、乾貨

乾白蘿蔔絲	● 乾蘿蔔絲干貝炸什錦	125
鮪魚罐頭	● 簡單版鮪魚罐頭鹹派	131

副菜、常備菜

▓ 肉

雞肉	● 青紫蘇生春捲	108
	● 白蘿蔔咖哩烤蛋	101
	● 冬瓜煮雞肉	123
	雞肉鬆	154
	● 蒸雞肉紅蘿蔔堅果沙拉	137
豬肉	● 牛蒡豬肉燒	95
	● 小松菜豬肉炒大蒜	102
	● 檸檬芝麻涼拌芹菜涮豬肉片	94
牛肉	牛肉蔬菜捲	154
	● 大蒜炒蓮藕牛肉	122

▓ 海鮮

蛤蜊	● 浸煮蛤蜊、西洋菜與韭菜	85
	● 蛤蜊青江菜炒魚露大蒜	75
	小松菜蛤蜊蛋包	121
蝦子	● 酪梨海鮮焗烤	91
	● 蝦仁鑲豆腐	151
	● 酪梨拌蝦仁青豆	118
	● 蝦仁山苦瓜沙拉	101
鯖魚	● 山葵拌鯖魚鴨兒芹	131
柳葉魚	● 柳葉魚蔬菜南蠻漬	144
	● 蔥蛋捲柳葉魚	153
章魚	● 醋漬章魚小黃瓜	112
生利節	● 生利節韭菜拌芝麻	71
干貝	● 檸檬醃泡干貝高麗菜	60

▓ 雞蛋、乳製品

雞蛋	● 乾蘿蔔絲歐姆蛋	150
	● 蔥蛋捲柳葉魚	153
	● 滿滿舞菇的西班牙烘蛋	133
雞蛋豆腐	● 雞蛋豆腐佐黏黏蔬菜	73
起司	● 紫蘇芝麻拌蕃茄與卡芒貝爾起司	139
	● 蕃茄莫札瑞拉起司沙拉	140

■ 豆、大豆製品

油豆腐	● 油豆腐四季豆拌花生醬	73
	● 秋葵煮油豆腐	94
凍豆腐	● 蝦仁鑲豆腐	151
	● 凍豆腐唐揚	153
豆腐	● 芡煮豆腐	135
	● 薑味蟹肉芡汁淋豆腐	122
納豆	● 酪梨納豆拌海苔	68
綜合菇類	● 醃漬菇類與豆類	84
	● 豆類優格沙拉	119

■ 蔬菜、芋類、菇類

酪梨	● 酪梨海鮮焗烤	91
	● 酪梨納豆拌海苔	68
秋葵	● 秋葵煮油豆腐	94
	● 水菜煮秋葵	58
蕪菁	● 溫野菜佐鱈魚子豆腐沾醬	115
南瓜	● 炸蔬菜佐裙帶菜根醬	93
	● 南瓜優格沙拉	134
	● 韓式涼拌南瓜	63
	南瓜、舞菇與水菜的燉煮料理	45
	● 溫野菜佐納豆醬	65
木耳	● 芝麻拌木耳小黃瓜	137
	● 蛋炒小松菜木耳	151
菇類	南瓜、舞菇與水菜的燉煮料理	45
	● 醃漬菇類與豆類	84
	● 清爽菇類鋁箔燒	132
	● 炸綜合菇	94
	● 巴沙米可醋炒菇類	83
	● 豆腐拌鴻喜菇	137
	● 滿滿舞菇的西班牙烘蛋	133
高麗菜	● 浸煮高麗菜櫻花蝦	99
	● 涼拌高麗菜沙拉	69
	● 檸檬醃泡干貝高麗菜	60
小黃瓜	● 多彩漬蔬菜	154
	● 芝麻拌木耳小黃瓜	137
	● 鹽炒小黃瓜櫻花蝦	46
綠蘆筍	● 蘆筍拌海苔	57
	● 蘆筍銀荊花沙拉	120
	● 自製茅屋起司拌春野菜	94
西洋菜	● 浸煮蛤蜊、西洋菜與韭菜	85
山苦瓜	● 蝦仁山苦瓜沙拉	101
牛蒡	● 牛蒡豬肉燒	95
	五目牛蒡絲	155
小松菜	● 韓式乾蘿蔔絲炒小松菜	152
	● 小松菜蛤蜊蛋包	121
	● 蛋炒小松菜木耳	151
	小松菜魩仔魚香鬆	155
	● 小松菜豬肉炒大蒜	102
蒟蒻	● 蒟蒻排佐蔥醬	95
蕃薯	● 優格拌杏子蕃薯	103
	● 蕃薯堅果佐蜂蜜醬	92
	檸檬煮蕃薯	155
春菊	● 海苔捲春菊	64
芹菜	● 檸檬芝麻涼拌芹菜涮豬肉片	94
白蘿蔔	● 芝麻醬拌白蘿蔔無花果乾	108
	● 白蘿蔔咖哩烤蛋	101

白蘿蔔	● 煎白蘿蔔排	95
	● 蘿蔔絲沙拉	123
青江菜	● 蛤蜊青江菜炒魚露大蒜	75
冬瓜	● 冬瓜煮雞肉	123
蕃茄	● 紫蘇芝麻拌蕃茄與卡芒貝爾起司	139
	● 蕃茄莫札瑞拉起司沙拉	140
	● 浸煮整顆蕃茄	109
	● 醃小蕃茄	122
山芋	山藥拌海苔	46
	水雲山藥甜醋涼拌	45
茄子	● 煎茄片佐魩仔魚	108
油菜花	花生醬拌油菜花	56
	● 油菜花羊栖菜拌豆腐	63
	芥末籽醬拌油菜花	40
紅蘿蔔	● 溫野菜佐鱈魚子豆腐沾醬	115
	● 咖哩炒紅蘿蔔乾白蘿蔔絲	70
	● 沖繩料理風紅蘿蔔	109
	● 紅蘿蔔鱈魚子沙拉	88
	● 醃泡青花菜、紅蘿蔔與蕃薯	89
	● 蒸雞肉紅蘿蔔堅果沙拉	137
白菜	● 白菜蘋果沙拉	99
甜椒	● 甜椒優格沙拉	49
青花菜	● 醃泡青花菜、紅蘿蔔與蕃薯	89
	● 起司粉炒青花菜	113
沙拉生菜葉	● 綜合生菜葉與雞柳沙拉	65
菠菜	● 波菜茶碗蒸	149
水菜	● 水菜煮秋葵	58
	● 水菜海苔魩仔魚沙拉	64
高麗菜嬰	● 高麗菜嬰與玉米筍佐芥末籽優格醬	64
萵苣	● 裙帶菜萵苣沙拉	86
蓮藕	● 甘醋漬蓮藕	95
	● 大蒜炒蓮藕牛肉	122

■ 海藻

	● 裙帶菜根海苔燒	65
	水雲山藥甜醋涼拌	45
	● 裙帶菜萵苣沙拉	86
	● 韓式涼拌裙帶菜	63

■ 乾貨

乾白蘿蔔絲	● 韓式乾蘿蔔絲炒小松菜	152
	乾蘿蔔絲與紅葉萵苣沙拉	50
	● 乾蘿蔔絲歐姆蛋	150
	醋漬乾蘿蔔絲	155
	● 咖哩炒紅蘿蔔乾白蘿蔔絲	70
櫻花蝦	● 浸煮高麗菜櫻花蝦	99
	● 鹽炒小黃瓜櫻花蝦	46
吻仔魚乾	小松菜魩仔魚香鬆	155
	● 水菜海苔魩仔魚沙拉	64
	● 煎茄片佐魩仔魚	108
羊栖菜	煮羊栖菜	154

■ 其他

	● 優格拌杏子蕃薯	103
	● 芝麻醬拌白蘿蔔無花果乾	108

湯品

■ 肉
	● 滿滿根莖類蔬菜的豬肉味噌湯	115
	● 香料充分發揮作用的湯咖哩雞	98

■ 海鮮
蜆	● 青江菜竹筍蜆湯	141
鯛魚	● 山藥泥白身魚湯	87

■ 雞蛋
	蛋花湯	43
	● 薑味青花菜蛋花湯	97

■ 豆、大豆製品
豆腐	豆腐蔥味噌湯	46
豆	高麗菜鷹嘴豆濃湯	52
綜合豆類	● 豆豆玉米湯	153

■ 蔬菜、芋類
蘆筍	馬鈴薯蘆筍湯	49
白花椰菜	花椰菜豆乳湯	40
高麗菜	高麗菜鷹嘴豆濃湯	52
	● 滿滿蔬菜！排毒湯	91
蕃薯	● 豆乳味噌湯	109
馬鈴薯	馬鈴薯蘆筍湯	49
春菊	春菊大蒜湯	59
冬粉	冬粉萵苣湯	117
青花菜	薑味青花菜蛋花湯	97
	● 青花菜濃湯	57
山芋	山芋泥白身魚湯	87
蓮藕	● 蓮藕濃湯	148

■ 海藻
	● 裙帶菜豆芽菜湯	111

火鍋料理
● 蛤蜊與白蘿蔔、蘿蔔葉芝麻味噌鍋	146
● 牡蠣雪見鍋佐減鹽柚子醋	104
● 鹽味相撲鍋	77
● 豆乳湯豆腐	147
● 濃稠豆乳鍋	147
● 白菜蕃茄鍋	62
● 豬肉小松菜涮涮鍋	76

其他
● 韓式海苔醬	76
● 紅蘿蔔糊	108
● 柚子醋醬	76

飲料、點心

■ 水果
草莓	豆乳麻糬佐草莓紅豆	158
	草莓優格凍	50
	卡士達醬焗水果	160
	葉酸蔬果昔	162
無花果	酒香糖煮無花果	157
	李子乾與無花果乾捲核桃	159
柳橙	● 柳橙優格沙拉	92
奇異果	鈣質蔬果昔	162
	卡士達醬焗水果	160
葡萄柚	消除水腫蔬果昔	162
香蕉	越式紅豆香蕉甜湯	161
	酪梨＆香蕉義式冰淇淋	156
	鐵質強化蔬果昔	162
	排毒蔬果昔	162
李子乾	鐵質強化蔬果昔	162
	李子乾與無花果乾捲核桃	159
	熱李子飲	52
芒果	水切優格佐芒果醬	156
蘋果	美肌蔬果昔	162
	烤蘋果佐優格奶油	161

■ 蛋、乳製品
蛋	法式果乾蛋糕	161
	卡士達醬焗水果	160
起司	起司南瓜蒸蛋糕	160
	優格起司蛋糕	157
優格	草莓優格凍	50
	● 柳橙優格沙拉	92
	水切優格佐芒果醬	156
	優格起司蛋糕	157

■ 豆、大豆製品
紅豆	越式紅豆香蕉甜湯	161
毛豆	白玉毛豆麻糬	159
豆漿	豆乳麻糬佐草莓紅豆	158
	薑汁豆乳布丁	157
鷹嘴豆	鷹嘴豆水果寒天	158

■ 蔬菜、芋類
酪梨	酪梨＆香蕉義式冰淇淋	156
南瓜	起司南瓜蒸蛋糕	160
小松菜	鈣質蔬果昔	162
蕃薯	蕃薯茶巾丸子	158
	楓糖風味蕃薯洋羹	159
馬鈴薯	鹽味海苔洋芋片	161
蕃茄	蕃茄冰沙	156
紅蘿蔔	紅蘿蔔麵包布丁	160
	美肌蔬果昔	162
甜椒	消除水腫蔬果昔	162
	葉酸蔬果昔	162

TITLE

營養師親授！孕媽咪怎麼吃

STAFF

出版	三悅文化事業股份有限公司
監修	細川桃　宇野 薰
	(Luvtelli Tokyo & NewYork)
譯者	林芸蔓
總編輯	郭湘齡
責任編輯	徐承義
文字編輯	黃美玉　蔣詩綺
美術編輯	孫慧琪
排版	二次方數位設計
製版	明宏彩色照相製版股份有限公司
印刷	桂林彩色印刷股份有限公司
法律顧問	經兆國際法律事務所　黃沛聲律師
戶名	瑞昇文化事業股份有限公司
劃撥帳號	19598343
地址	新北市中和區景平路464巷2弄1-4號
電話	(02)2945-3191
傳真	(02)2945-3190
網址	www.rising-books.com.tw
Mail	deepblue@rising-books.com.tw
初版日期	2018年4月
定價	350元

國內著作權保障，請勿翻印／如有破損或裝訂錯誤請寄回更換

NINSHINTYU NO SYOKUJI
© Shufunotomo Co., Ltd. 2016
Originally published in Japan in 2016 by SHUFUNOTOMO CO., LTD.
Chinese translation rights arranged through DAIKOUSHA INC., Kawagoe.

ORIGINAL JAPANESE EDITION STAFF

料理指導（五十音順）
あまこようこ、井澤由美子、大越郷子、片岡 護、カノウユミコ、検見﨑聡美
古口裕美、阪口珠未、祐成二葉、スズキエミ、高橋恵子、髙谷華子、舘野鏡子
中村陽子、広沢京子、藤井 恵、ほりえさわこ、牧野直子、村岡奈弥、森 洋子
Luvtelli Tokyo & NewYork（鯉江純子）、ワタナベマキ

表紙
撮影／倉本GORI（人物／Pygmy Company）
　　黒澤俊宏・佐山裕子（料理／主婦の友社写真課）
モデル／フィスク ヴィクトリア

表紙・本文デザイン／今井悦子（MET）
撮影（五十音順）／梅澤 仁、武井メグミ、千葉 充、畠山あかり
　　藤井雅則・見澤厚司、三村健二、山田洋二
　　黒澤俊宏・佐々木幹夫・佐山裕子・鈴木江実子・松木 潤（主婦の友社写真課）
イラスト／福井典子、miri
栄養計算（追加分）／鯉江純子・園部裕美・瀬木由香、新 友歩
協力／島田奈美・関屋恵美
構成・文／水口麻子（1、3章）、浦上藍子（2章）
編集担当／三橋亜矢子（主婦の友社）

國家圖書館出版品預行編目資料

營養師親授!孕媽咪怎麼吃 / 細川桃, 宇
野薰監修 ; 林芸蔓譯. -- 初版. -- 新北市 :
三悅文化圖書, 2018.04
176面 ; 18.2 x 23.5公分
ISBN 978-986-95527-7-6(平裝)

1.懷孕 2.健康飲食 3.營養 4.食譜

429.12　　　　　　　　　107004044